多源协同陆表定量遥感产品生产技术与系统

仲　波　李宏益　柳钦火
唐　娉　辛晓洲　李　静 等 著

U0199996

科 学 出 版 社
北 京

审图号：GS〔2018〕4557号

内 容 简 介

随着卫星平台和传感器技术的不断进步，多个国家和地区形成了全球卫星观测系统，积累了大量的卫星遥感数据，这些数据蕴含了丰富而宝贵的地球动态信息；然而数据量的增大本身并不代表信息量和知识的增加，具有自动化处理能力的数据处理与知识系统才能有效、及时地将数据转化为信息和知识。本书所介绍的"多源协同定量遥感产品生产系统"是一个自动化的数据处理与定量遥感产品生产系统，是将海量遥感数据自动、高效地转化为信息和知识的一次有效尝试。本系统集成了多源遥感数据归一化、标准处理技术和多源协同定量遥感产品生产技术，首次实现了十余种国内外主流遥感数据的自动化处理和二十余种定量遥感产品的自动化生产；不仅如此，系统中所集成的多源协同反演算法改进了现有的基于单一遥感数据源的定量遥感产品体系，提升了同类型定量遥感产品的时空分辨率和精度。本书针对定量遥感产品生产系统从以下 7 个方面进行了论述：①陆表定量遥感产品、生产系统与产品体系；②海量遥感数据管理系统；③多源多尺度遥感数据归一化处理技术与数据处理系统；④多源协同定量遥感产品生产技术与产品生产系统；⑤资源调配与任务调度及运行管理系统；⑥产品生产与服务；⑦产品应用示范。

本书可供从事遥感数据处理、定量遥感研究、遥感应用及遥感应用系统建设的科技与管理人员参考，也可以作为高等院校遥感和地理信息系统专业的教材。

图书在版编目（CIP）数据

多源协同陆表定量遥感产品生产技术与系统 / 仲波等著 .—北京：科学出版社，2018.9

ISBN 978-7-03-058877-7

Ⅰ.①多… Ⅱ.①仲… Ⅲ.①遥感数据—数据处理—研究 Ⅳ.① TP701

中国版本图书馆CIP数据核字（2018）第216783号

责任编辑：张井飞 韩 鹏 白 丹/责任校对：张小霞
责任印制：赵 博/封面设计：耕者设计工作室

科学出版社 出版

北京东黄城根北街16号
邮政编码：100717
http://www.sciencep.com

涿州市殷润文化传播有限公司印刷
科学出版社发行 各地新华书店经销

*

2018年9月第 一 版 开本：787×1092 1/16
2025年2月第二次印刷 印张：14 1/2
字数：335 000

定价：**198.00元**
（如有印装质量问题，我社负责调换）

前　言

随着美国的泰罗斯一号卫星（velevision infrared observation satellite, TIROS）在 1960 年 4 月 1 日发射后，全球的对地观测技术发展已经超过 50 年。在卫星平台与传感器技术的发展壮大过程中，越来越多的对地观测计划应运而生，目前已有上百颗卫星近千个传感器实施了对地观测任务。在此基础上，卫星平台、传感器、遥感数据、定量反演算法、定量遥感产品生产与免费发布及各种遥感应用系统的建立，使得遥感在社会方方面面的应用得到了蓬勃的发展。尽管遥感数据的种类越来越多，但大部分遥感应用和产品生产系统都使用单一的遥感数据源来完成，在信息获取的种类、精度以及时空分辨率等方面都存在一定不足，从而阻止了遥感领域从数据到信息和知识的转化，进而阻止其进一步应用。因此，多源协同的反演思想应运而生，为遥感科学及应用的发展提供了一种新的思路。在这种背景下，针对"发展天空地一体化的全国遥感网，显著提高空间信息服务能力"的核心内容，国家"十二五"计划启动了"863"重大项目"星机地综合定量遥感系统与应用示范"（简称"遥感网"）。星机地综合定量遥感是充分发挥卫星、航空、地面协同对地观测能力，提高遥感数据定量化获取与应用的重要方式，也是国际地球观测领域发展的必然趋势。星机地综合定量遥感将对我国在矿产、森林、水、粮食等资源和环境监测中的高精度信息提取和高效分发起到重要推动作用。该项目一期第四课题"多尺度遥感数据按需快速处理与定量遥感产品生成关键技术（2012AA12A304）"的目标为：攻克多源遥感协同高精度定量反演与多尺度定量遥感产品生产关键技术，建立全球陆表综合观测的定量遥感产品技术体系；制定全球陆表综合观测定量遥感产品技术体系标准规范；建立按需流程的多尺度遥感数据按需快速处理与定量遥感产品生产原型系统，初步形成全球陆表综合观测多尺度定量遥感产品生产能力。该项目的核心是多源遥感数据协同使用、系统研发与产品生产能力建设。其中多源协同是关键技术，系统是实际运行的基础设施，保障产品生产能力。因此，本书通过对"多源协同定量遥感产品生产系统"研发过程中的细节进行论述，总结了五个方面的研究成果：①多源协同的定量遥感产品体系；②多源遥感数据与数据管理系统研发；③多源遥感数据归一化处理技术与数据处理系统研发；④多源协同定量遥感反演算法与产品生产系统研发；⑤产品生产、服务及应用示范。该课题所研发的技术集成于"星机地项目（二期）"第一课题"星机地综合观测定量遥感融合处理与共性产品生产系统（2013AA12A301）"所研发的综合系统中；该课题的部分技术及所生产的定量遥感产品也被应用于中国科学院西部行动计划项目"黑河流域生态 - 水文遥感产品生产算法研究与应用试验"第二课题"黑河流域生态过程关键参量遥感产品（KZCX2-XB3-15）"。

全书共分为 7 章，第 1 章介绍国内外主要的定量遥感产品生产系统及其生产发布的定量遥感产品；第 2 章介绍了现阶段的多源遥感数据及其特点，并阐述了多源协同定量遥感产品生产系统的研发思路与总体框架；第 3 章介绍了本系统中涉及的多源遥感数据的特点、数据量等，从策略应对出发，介绍了数据库的设计与实现；第 4 章从多源多尺度遥感数据归一化处理技术出发，阐述了多源遥感数据归一化处理系统的研发过程；第 5 章从辐射收支、植被、水热通量与冰雪四个方面的多源协同定量遥感产品生产算法研究出发，阐述了定量遥感产品生产系统的研建过程；第 6 章针对海量数据处理与大批量产品生产的需求，阐述了资源调配与任务调度方案；第 7 章介绍了针对国家遥感中心《全球生态环境遥感监测年报》的需求，利用本系统进行产品生产与服务的相关内容。

本书的第 1 章由仲波、柳钦火、唐娉、李宏益等编写；第 2 章由仲波、李宏益、柳钦火、唐娉等编写；第 3 章由李宏益、唐娉、仲波等编写；第 4 章由仲波、单小军、吴善龙、杨爱霞、刘元波、穆西晗、吴骅等编写；第 5 章由柳钦火、辛晓洲、李静、贾立、王泽民、周春霞、李宏益、赵静、胡光成、张海龙、余珊珊、刘婷婷、杨元德、阎广建、闻建光等编写；第 6 章由张正、李宏益、唐娉等编写；第 7 章由仲波、柳钦火、吴善龙、吴俊君、张海龙、赵静、余珊珊、胡光成等编写。全书由仲波统合，柳钦火审核定稿。

科学出版社韩鹏、张井飞等编辑为本书的出版付出了辛勤的劳动，并提出了许多建设性的意见和建议；刘方伟、胡龙飞、徐伟进、武昆等参与了该书的排版与修订工作；参与课题研究的其他老师和同学们为本书的出版做出了极大的贡献，在此一并表示衷心的感谢。

由于作者的水平有限，加上多源协同定量遥感产品生产系统研发中大量的关键技术依然是国际遥感科学前沿热点领域，书中难免有疏漏和不足，敬请读者和同行专家批评指正。

作　者

2017 年 12 月于北京

目　　录

第1章 陆表定量遥感产品与生产系统现状

1.1 陆表定量遥感产品及其应用

在遥感技术发展初期，用光学遥感图像处理进行目视解译得到地表的各种有用信息，其在农业、林业、地质、矿产和军事等领域得到了大量的应用。以后随着计算机技术的发展，遥感发展到以数字图像处理、计算机自动分类识别或人机交互判读为标志的阶段，遥感应用的领域和水平进一步提高。随着遥感技术的发展，利用遥感探测到的电磁辐射强度、偏振度和相位等信息，反演地表各种地球物理化学参数、地球生物理化参数已成为定量遥感发展的新方向。卫星遥感技术已经被广泛地应用于公共卫生、能源、水资源、环境监测、防灾减灾、气候、天气、农业、生态系统等多个领域，为这些领域直接服务的是定量化的遥感产品，如大气气溶胶光学厚度、植被指数、叶面积指数、地表温度等。因此，在对地观测技术的发展过程中，根据各个卫星平台和传感器的特点，形成了各自的定量遥感产品体系及相应的产品生产线或生产系统，如 NOAA/AVHRR、EOS/MODIS、FY 系列、MERIS 等。其中，NOAA 的 AVHRR 系列是其中最早具有全球观测能力并进行定量遥感产品生产的遥感数据，但由于传感器的设置及相关性能指标较低，使得所发布的定量遥感产品数量较少且精度不高；EOS/MODIS 传感器则是近年来综合多种应用的需求，进行优化设计，在波段设置、辐射性能、光谱性能、几何定位等方面都具有优势，并形成了一套全球的定量遥感产品生产体系和产品生产线，向全球用户发布了 0~4 级共 44 种标准产品，这些产品现在被广泛应用于全球多个领域。在国内，FY-2 和 FY-3 都建立了基于自身卫星平台和传感器特征的产品体系与产品生产线，并发布了相应的定量遥感产品。

近年来，以美国 EOS 计划为代表的全球定量遥感技术发展与定量遥感产品应用，为提高人类监测全球资源与环境能力起到了里程碑式的决定性作用。然而，当前的定量产品生产以依靠单一传感器为主，产品精度和时空连续性不能完全满足全球资源与环境监测的需求，综合利用多传感器生产高精度的定量遥感产品已成为遥感科学技术领域的前沿热点方向。例如，全球碳计划（global carbon project，GCP）和我国正在执行的 863 计划 "全球陆表特征参量遥感产品生成与应用" 项目等。遥感领域的研究机构和相关公司分别从定量遥感产品体系、定量遥感产品生产系统、产品反演算法和产品生产技术等方面开展了很多工作。

在遥感商业应用领域，Spot Infoterra 集团利用自身在遥感图像数据方面的优势，开展了 Overland 项目，开发了 Overland 软件，提供对地观测服务。Overland 技术将对地观测数据（包括高分辨率多光谱、中低分辨率多光谱、航空高/超光谱），利用核心的遥感模型（植被：SAIL+PROSPECT 模型，大气：LOWTRAN/MODTRAN+ 云模型，土壤：半物理模型）和模拟技术（任意植被和景观模拟技术），反演为真实的生物物理参数（叶面积指数、叶绿素浓度等）；其应用于环境和农业分析中，并结合农艺学等相关理论和技术为市场提供服务，包括作物管理服务（用于精细农业）、农业管理（用于农业监测与估产）、自然环境管理等。该软件能够反演的地表物理参数包括叶绿素含量、叶片含水量、植被郁闭度、叶面积指数、光合有效辐射比、云反射、能见度、水汽含量、水深、水覆盖、水体叶绿素 a、雪盖面积、雪辐射亮度、雪地作物尺寸、土地覆盖、土壤辐射亮度、土壤湿度等。Overland 软件是一个不错的商业软件，具有强大的遥感数据处理、定量遥感产品反演和明确的应用方向；但该软件是面向商业领域的，不管是软件本身的费用，还是软件中所用的数据，其费用都是相当昂贵的；同时，该软件尽管尝试用了虚拟星座技术，并且在产品层面融合了多源信息，但是在产品层次和应用的深度方面，与国家层面的行业应用要求还是存在很大差距。

中国科学院遥感与数字地球研究所遥感科学国家重点实验室下属的辐射传输研究室初步开发了"基于多源遥感数据的定量遥感产品生产与服务系统"（柳钦火等，2011）。该系统可以综合处理 HJ-1、MODIS、AVHRR、FY-3A、TM/ETM+ 等多源遥感数据，并能组织和管理 DEM、地表覆盖分类、MODIS 多种定量遥感产品、气象台站数据、NCEP 等气象再分析数据等，实现了多源遥感数据的预处理（辐射定标、大气校正、交叉辐射定标、几何精校正、投影变换和标准分幅等），并利用先进的工作流定制技术实现了 20 多种大气（AOD、大气水汽）、植被理化（LAI、FVC、FPAR、NDVI、叶片含水量、叶绿素含量等）、地表（BRDF、ALBEDO、地表温度、地表发射率、地表蒸散、土壤含水量等）参数的定量遥感反演。

地表特征参数是地球系统最重要的物理特性，构成人类赖以生存和发展的自然环境。在全球变化、我国社会经济快速发展而面临着粮食安全、高能耗经济转型、水资源短缺、环境急剧变化等一系列情势下，实时把握陆表状态和变化，有着重要的资源、生态和环境意义。长期以来在对地观测技术发展过程中，地表参数一直都是人们关注和研究的对象。在全球变化研究需求推动下，地表关键参数的遥感反演方法与技术得到了长足的发展，逐步在区域和全球尺度上推广开来，形成了多种多样的陆地参数产品，在资源利用、全球变化、生态、环境和粮食安全上，发挥着举足轻重的作用。通过回顾国内外植被结构与生长状态参数产品、辐射收支参数产品，以及水资源参数模型算法的发展现状和发展态势（表 1.1），总结现有遥感反演产品的精度和不确定性，寻找突破现有技术瓶颈的方式和途径。

表 1.1　现有全球陆地定量遥感产品信息表

类别	编号	遥感产品	空间分辨率	时间分辨率	国内主要传感器	国外主要传感器	主要反演算法
植被结构与生长状态参数	1	叶面积指数	1km~0.25°	10 天、30 天	无	MODIS、MISR、VEGETATION、AVHRR、POLDER、MERIS、SEVIRI	三维辐射传输模型、植被冠层辐射传输模型、冠层光谱不变量辐射传输模型和 4 尺度模型的查找表法等

续表

类别	编号	遥感产品	空间分辨率	时间分辨率	国内主要传感器	国外主要传感器	主要反演算法
植被结构与生长状态参数	2	植被覆盖度			无	MODIS、MERIS、POLDER、VEGETATION、SEVIRI、AVHRR	PROSAIL 神经网络、基于植被指数的半经验模型、混合光谱分解模型
	3	FPAR	1~10km	旬	无	MODIS、AVHRR、VEGETATION	经验模型、基于辐射传输模型的查找表
	4	NPP	1~10km	旬	无	MODIS	过程模型、基于光能利用率的参数化模型
	5	物候期	1km	12 个月 2 个生长期	无	MODIS	植被指数阈值法、滑动平均方法、转折点法、最大变化斜率法、季节 NDVI 中点法
辐射收支参数	6	反照率	1km~0.5°	5~16 天	无	MODIS、VEGETATION、POLDER、SEVIRI、ERBE、MISR、CERES、Meteosat	经验 MRPV 模型、半经验核驱动模型
	7	地表温度	90~8000m	15 分钟~16 天	FY-3	MODIS、ASTER、AATSR、AVHRR、SEVIRI	分裂窗算法、温度与发射率分离方法
	8	发射率	90~6000m	1~16 天	无	ASTER、MODIS、SEVIRI	TES 算法、分类方法和昼夜算法
水资源参数	9	蒸散发	1~3km	30 分钟~8 天	无	MODIS、SEVIRI	统计经验法、地表参数空间变化半经验算法、能量平衡参数化方法、数据同化方法
	10	降水	4km、0.1°、0.25°、1° 和 2.5°	3 小时、逐日、5 天	FY-2	TRMM、AMSR、AMSR-E、AMSU-B、GEO-VIRS、GOES、GMS、Meteosat、NOAA	VIS/IR 反演法、微波反演法、降水雷达反演算法、VIS/IR 和微波联合算法
	11	土壤水分	25km	3 天	FY-3	SMOS、AMSR-E、WindSat	迭代算法、单通道反演法、微波指数反演算法、基于参数化模型的反演算法
	12	雪水当量	25km	3 天	FY-3	AMSR-E、SSM/I	半经验的线性亮温梯度算法、神经网络技术、迭代法
	13	雪盖面积	500m、25km	1 天、3 天	FY-2	AMSR-E、SSM/I、MODIS	基于雪被指数的积雪判别算法、半经验的线性亮温梯度算法

1.1.1 植被结构与生长状态参数产品

植被是地球上最重要的地表覆盖类型,在能量循环和营养物质循环中扮演着重要的角色,有着重要的全球意义。表征植被生物物理特征的参数包括反映植物叶片生化特征的叶绿素含量、反映植被冠层结构的叶面积指数（LAI）、覆盖度，表征植被的生产能力和生产效率的 FPAR 和 NPP，以及表征植被生长生态特性的物候期。人们利用遥感技术发展了多种估算植被状态参数的方法，监测植被的时空动态变化，应对全球变化、粮食安全、生态环境等现实问题。目前的技术方法以试验性研究为主，没有确定针对特定不同研究区域和不同地表覆盖类型的最佳物候反演技术方法，尚未建立物候产品生成的技术体系；植被参数的遥感反演大多利用单一数据源的时序植被数据（如 NOAA/AVHRR，TERRA/MODIS，SPOT/VEGETATION），单一数据源的数据质量、时空尺度和可获取性等限制了物候的反演精度，基于不同数据源反演的植被参数结果差异较大，可比性较低。

1.1.2 辐射收支参数产品

地表辐射收支参数包括与地表辐射与能量平衡密切相关的 12 个参数，分别是与短波辐射有关的大气气溶胶、下行短波辐射、PAR 和反照率，与长波辐射有关的下行长波辐射、地表温度、冠层温度和发射率，以及与能量平衡有关的净辐射、空气动力学粗糙度、感热通量和潜热通量。无论是短波还是长波波段，目前的研究都缺乏有效的直接面向地表净辐射 – 地表辐射 / 能量平衡的最关键参量的估算方法，因此，如何在现有研究基础上发展直接估算地表短波和长波净辐射的算法，以避免现有研究方法的缺陷势在必行。此外，目前几乎所有研究都在假设地表水平的前提下进行辐射量估算，从而忽略了地形效应。一方面，大量研究显示，忽略地形效应不但会给地表辐射收支估算带来误差，而且会掩盖地表辐射分量的空间分布模式（Dubayah and Rich, 1995），所得结果很难反映地表的真实辐射状态；另一方面，相当比例的陆地表面被高山覆盖，而这些区域又对气候变化起着极其重要的作用，因此，必须发展针对复杂地形区的相关模型和方法，从而为地表能量平衡、全球气候变化等研究提供可靠的地表辐射收支数据。

1.1.3 水资源参数产品

大气水、土壤水和地表水体等状态变量与降水、地表蒸散发、径流等水分通量构成全球大气水文循环。其中，地表蒸散发（evapotranspiration, ET）是区域水量平衡和能量平衡的主要成分，降水是最重要的水分通量，而土壤水和冰雪是最重要的状态变量，是植被得以持续生存和良性生态环境得以维持的根本条件，因而长期以来一直是定量遥感反演的最核心研究对象，并相继形成了各类产品数据。但现有产品主要基于单一数据源，且在全球尺度上都存在一定的问题。

现阶段定量遥感产品体系与生产系统存在以下 7 个问题。

（1）多源遥感数据的研究与应用仅局限于现有卫星数据的协同获取，对于用户而言，得到的数据产品并非与传感器无关，还远未能解决遥感数据不好用的局面。

（2）还不具备虚拟星座定量产品的协同处理能力，导致从多层次、多尺度、多源遥感协同定量化处理能力较弱，未能向用户提供重要地球物理化学参数的虚拟卫星标准产品。

（3）由于不同卫星、不同传感器获取的对地观测数据在时间、空间、光谱、角度等特性方面存在差异，其集成应用本身存在诸多未解决的关键技术难题，为虚拟星座数据定量化应用带来困难。

（4）定量遥感产品体系大都基于单一传感器的遥感数据，没有充分利用现有的多源遥感数据资源，在产品的算法研究、生产流程和产品精度方面都存在一定的缺陷。

（5）仅有的几种基于多源遥感数据的产品体系往往局限于能量与辐射平衡等小范围的研究领域，在农林、资源和环境等应用领域没有充分发挥作用。

（6）在产品设计上无法设计出时空连续的产品体系，从而不能得到时空连续的产品序列，在应用上受到一定的限制。

（7）系统的设计往往局限于算法的集成，在后台完成生产，然后以单向的方式提供给用户，往往难以满足应用单位和普通用户多变的需求；同时，在资源的有效利用上，也往往因为规模太大，导致投入难以保证。

综上所述，随着遥感数据源的增加、定量遥感反演技术的发展，越来越多的行业应用对定量遥感产品都有强烈的需求，尤其是基于卫星组网和虚拟星座技术，以及星地协同技术的高精度、高时空分辨率的定量遥感产品。为了达到这一目标，我们需要从行业部门应用的需求出发，认真分析现有的卫星遥感数据资源、已有研究成果，首先建立面向应用的基于卫星组网和星地协同技术的定量遥感产品规范和产品生产体系，以及相关的标准规范；其次，在产品生产体系和标准规范的基础上，利用现有的计算机软硬件技术，设计和开发智能化的定量遥感产品生产系统，解决从理论到实际应用的关键技术，为各个行业部门的应用提供高精度、高时空分辨率的定量遥感产品。

1.2　典型陆表定量遥感产品体系

近 20 年来，随着业务化遥感卫星的发射与应用，逐渐形成了典型的定量遥感产品体系与定量遥感产品生产系统，并生成了全球长时间序列的定量遥感产品，支撑了行业部门的业务应用、农林生态和环境等方面的科学研究和全球变化研究。在卫星遥感应用的过程中，针对不同的应用逐渐形成了专门的遥感卫星，如针对气象预报和气象灾害监测的气象卫星，针对资源调查的资源卫星等。另外，针对不同的观测要素 / 参数也形成了不同的卫星，如碳卫星、水卫星、大气卫星等。遥感卫星发射后，都会建立相应的地面系统，包括软件和硬件部分，其主要功能包括卫星数据的传输、接收与分发，卫星数据处理，参数产品生产等。因此，在长期的发展过程中，逐渐形成了卫星遥感产品体系，其中几个典型的产品体系包括美国的 MODIS 定量遥感产品体系、欧洲的 MERIS 定量遥感产品体系和中国风云系列定量遥感产品体系。

1.2.1 MODIS 定量遥感产品体系

MODIS（moderate-resolution imaging spectroradiometer）是中分辨率成像光谱仪的英文缩写，它搭载于美国对地观测系统（earth observation system，EOS）在 1999 年所发射的第一颗卫星 Terra 上的主要仪器，同时搭载于在 2002 年所发射的 Aqua 卫星上，形成组网观测的能力。EOS 的主要目的是，实现从单系列极轨空间平台上对太阳辐射、大气、海洋和陆地进行综合观测，获取有关海洋、陆地、冰雪圈和太阳动力系统等信息；进行土地利用和土地覆盖研究、气候的季节和年际变化研究、自然灾害监测和分析研究、长期气候变率和变化研究院，以及大气臭氧变化研究等；进而实现对大气和地球环境变化的长期观测和研究的战略目标。MODIS 作为一个实验性的传感器，在当时属于新一代"图谱合一"的光学遥感仪器拥有 36 个离散光谱波段，光谱范围宽，从 0.4~（可见光）14.4μm（热红外）全光谱覆盖；试图同时提供反映陆地表面状况、云边界、云特性、海洋水色、浮游植物、生物地理、化学、大气水汽、气溶胶、地表温度、云顶温度、大气温度、臭氧和云顶高度等特征的信息。MODIS 的波段设置见表 1.2。

表 1.2 MODIS 传感器的波段设置及主要用途

通道	光谱范围	信噪比 (NE△t)	主要用途	分辨率 /m
1	620~670	128	陆地、云边界、植被、气溶胶	250
2	841~876	201		250
3	459~479	243		500
4	545~565	228		500
5	1230~1250	74	陆地、云特性、气溶胶等	500
6	1628~1652	275		500
7	2105~2135	110		500
8	405~420	880		1000
9	438~448	838		1000
10	483~493	802		1000
11	526~536	754		1000
12	546~556	750	海洋水色、浮游植物、生物地理、化学	1000
13	662~672	910		1000
14	673~683	1087		1000
15	743~753	586		1000
16	862~877	516		1000

续表

通道	光谱范围	信噪比 (NEΔt)	主要用途	分辨率 /m
17	890~920	167		1000
18	931~941	57	大气水汽	1000
19	915~965	250		1000
20	3.660~3.840	0.05		1000
21	3.929~3.989	2	地球表面和云顶温度	1000
22	3.929~3.989	0.07		1000
23	4.020~4.080	0.07		1000
24	4.433~4.498	0.25	大气温度	1000
25	4.482~4.549	0.25		1000
26	1.360~1.390	150		1000
27	6.535~6.895	0.25	卷云、水汽	1000
28	7.175~7.475	0.25		1000
29	8.400~8.700	0.05	云参数	1000
30	9.580~9.880	0.25	臭氧	1000
31	10.780~11.280	0.05	地表温度、海面温度	1000
32	11.770~12.270	0.05		1000
33	13.185~13.485	0.25		1000
34	13.485~13.785	0.25	云顶高度	1000
35	13.785~14.085	0.25		1000
36	14.085~14.385	0.35		1000

在大量的资金投入和美国顶级的遥感研究团队支撑下，NASA 经过了十余年的发展，围绕 MODIS 形成了全球最为完整、全面和服务最好的定量遥感产品体系。一个好的产品体系首先需要有一系列的产品作为支撑，并且得到广大用户的使用和好评。下面我们将对 MODIS 数据产品进行简要介绍。

MODIS L0 数据是对卫星下传的数据包解除 CADU 外壳后，所生成的 CCSDS 格式的未经任何处理的原始数据集合，其中包含按照顺序存放的扫描数据帧、时间码、方位信息和遥测数据等。如果用户得到的数据是 L0 级的 PDS 文件，在具体使用之前就必须首先对其进行预处理，通常并不需要自行开发预处理软件，位于美国国家航空航天局（National Aeronautics and Space Administration，NASA）戈达德航天中心的 MODIS 科学组免费提供预处理和其他应用代码，但是需要注意运行平台的差异。作为独立运行版本，也可以选择 Wisconsin 大学开发的 IMAPP，该软件最初在 UNIX/LINUX 平台上开发，目前该软件的 Windows 版本已经由俄罗斯 ScanEx 公司提供。需要注意的是，预处理软件都要使用 MODIS 特性组不定期发布的 LUT 参数文件，LUT 参数根据探测器的物理性能的变化而调整，为了得到精确的定标数据，必须及时更新所使用的 LUT 文件。

L1A 数据是对 L0 数据中的 CCSDS 包进行解包所还原出来的扫描数据及其他相关数据的集合。经过处理后形成的 L1A 数据为 MOD01/MYD01，其中，MOD 代表 Terra 星上的 MODIS 数据，而 MYD 代表 Aqua 星上的 MODIS 数据。1A 级处理程序把两个小时的 0 级文件重新组织成一系列基本处理单元和数据块（granules），每个数据块包含大约 5 分钟的 MODIS 数据。因为 MODIS 镜面的一次扫描需要 1.4771 秒，所以在 5 分钟内 1B 级产品文件典型的有 203 次完全扫描，有时候完全扫描 204 次。每天 5 分钟集合的扫描文件有 288 个。地理位置代码计算地面单个像元的坐标，以及有关于 MODIS 的太阳和月亮的位置信息。在 GDAAC 操作中，1A 级和地理位置代码使用产品生成程序（PGE01）。同时，它们将输入的 MODIS 数据放到 1B 数据处理软件中。

L1B 数据是对 L1A 数据进行定位和定标处理之后所生成的，其中包含以 SI(scaled integer) 形式存放的反射率和辐射率的数据集。L1B 代码读取 L1A 代码解包产生的 DN 数据集（EV SD SRCA BB SV），以及定标查找表 (look up table，LUT) 作为输入，分别对太阳反射波段 RSB 和热辐射波段 TEB 进行定标处理。定标计算所使用的参数可以从 MODIS 支撑研究组 MCST 所定期发布的 LUT 文件中得到。传感器 DN 数值按照 BDSM(band, detector, sub-frame, mirror. side) 索引。经过 1B 级处理后，就形成了 MOD02/03 或者 MYD02/03 数据。03 数据为 MODIS 的地理定位文件。数据产品包含 MODIS 每个 1km EV（earth view）中心的经纬度，每个 1km EV 太阳 / 卫星的方位，每个 1km EV EOS 陆地 / 海洋的阈值，每条扫描太阳和月亮相对于 MODIS 的位置，充分的仪器参数信息以支持特定波段和亚像元级定位。

L2 ~ L4 是对 L1B 数据进行各种应用处理之后所生成的特定应用产品。其中，04~08、35 为大气产品，09~17、33、40、43、44 为陆地产品，18~32、36~39、42 为海洋产品。产品的具体介绍如下。

MOD04：气溶胶产品，每日数据为 2 级产品，每旬、每月数据合成为 3 级产品。

MOD05：可降水量。2 级产品。

MOD06：云产品，每日数据为 2 级产品，每旬、每月数据合成为 3 级产品。

MOD07：大气廓线产品，每日数据为 2 级产品，每旬、每月数据合成为 3 级产品。

MOD08：网格化的大气产品。每日、每旬、每月合成数据，为 3 级产品。

MOD09：地表反射率产品，白天每日数据，为 2 级产品。

MOD10：雪盖产品，每日数据为 2 级产品，每旬、每月数据合成为 3 级产品。

MOD11：地表温度和发射率，每日数据为 2 级产品，每旬、每月数据合成为 3 级产品。

MOD12：土地覆盖 / 土地覆盖变化，为 3 级产品。

MOD13：网格化的归一化植被指数和增强型植被指数，为 2 级产品。

MOD14：热异常 – 火灾和生物量燃烧产品，为 2 级产品。

MOD15：叶面积指数和光合有效辐射，日及每旬、每月合成产品，为 3 级产品。

MOD16：蒸散发产品，每旬、每月合成产品，为 4 级产品。

MOD17：总初级生产力（GPP）和净初级生产力（NPP）产品，每旬、每月合成产品，为 4 级产品。

MOD18：离水辐射亮度产品，全球洋面，每日、每旬、每月合成产品，为 2、3 级产品。

MOD19：色素浓度，全球洋面，每日、每旬、每月数据，为 2、3 级产品。

MOD20：叶绿素荧光，全球洋面，每日、每旬、每月数据，为 2、3 级产品。

MOD21：叶绿素 – 色素浓度，全球洋面，每日、每旬、每月数据，为 2、3 级产品。

MOD22：光合可利用辐射（PAR），全球洋面，每日、每旬、每月数据，为 2、3 级产品。

MOD23：悬浮物浓度，全球洋面，每日、每旬、每月数据，为 2、3 级产品。

MOD24：有机质浓度，全球洋面，每日、每旬、每月数据，为 2、3 级产品。

MOD25：球石浓度，全球洋面，每日、每旬、每月数据，为 2、3 级产品。

MOD26：海洋水衰减系数，全球洋面，每日、每旬、每月数据，为 2、3 级产品。

MOD27：海洋初级生产力，全球洋面，每日、每旬、每月数据，为 2、3 级产品。

MOD28：海面温度，全球洋面，每日、每旬、每月数据，为 2、3 级产品。

MOD29：海冰覆盖，每日数据，为 2 级产品。

MOD31：藻红蛋白浓度，全球洋面，每日、每旬、每月数据，为 2、3 级产品。

MOD33：雪覆盖，每日、每旬、每月数据，为 3 级产品。

MOD35：云掩膜，每日数据，为 2 级产品。

MOD36：总吸收系数，每日、每旬、每月数据，为 3 级产品。

MOD37：海洋气溶胶产品，每日、每旬、每月数据，为 2、3 级产品。

MOD39：纯水势，每日、每旬、每月数据，为 2、3 级产品。

MOD40：网格化的热异常产品，每日、每旬、每月数据，为 2、3 级产品。

MOD42：海冰覆盖，每日、每旬、每月数据，为 3 级产品。

MOD43：地表二向反射及反照率产品，每日、每旬、每月数据，为 2、3 级产品。

MOD44：植被覆盖转换产品，季度、年度，为 3 级产品。

除了以上产品以外，NASA 还为 MODIS 设置了官方的网站（https://modis.gsfc.nasa.gov/）对其进行介绍、宣传和后期的用户支持。该网站又将 MODIS 的产品分为陆地、海洋、大气和定标 4 个专题来分别进行维护。在网站上提供了包括总体介绍、数据产品介绍和下载地址、工具软件介绍与下载、科学团队介绍、图像资料、研究人员介绍，以及其他一些有用的链接等。其中，以数据产品为主，还提供了产品的规格、产品生产的算法文档、产品的验证等方面的详细内容。

1.2.2　MERIS 定量遥感产品体系

MERIS (medium resolution imaging spectrometer) 是欧洲空间局 (ESA) 搭载在极轨对地

观测卫星 Envisat 上的中分辨率图像光谱仪。其是起初主要用于海色观测的传感器，后来将其科学目标扩展到了大气和陆表相关的研究。其光谱设置见表 1.3。

表 1.3 MERIS 波段设置

波段	中心波长 /nm	波宽 /nm	主要应用方向
1	412.5	10	黄色物质
2	442.5	10	叶绿素吸收最大值
3	490	10	叶绿素及其他颜色
4	510	10	悬浮物、赤潮
5	560	10	叶绿素吸收最小值
6	620	10	悬浮物
7	665	10	叶绿素吸收和叶绿素荧光
8	681.25	7.5	叶绿素荧光峰值
9	708.75	10	大气校正
10	753.75	7.5	植被和云
11	760.625	3.75	氧气吸收
12	778.75	15	大气校正
13	865	20	植被和大气水汽
14	885	10	大气校正
15	900	10	大气水汽和陆地探测

MERSI 的产品体系较 MODIS 简单，且产品类型也较 MODIS 少。2 级产品分为海洋产品、云产品、陆地产品。海洋产品包括归一化的离水辐射亮度/反射率、藻类色素指数、悬浮物、黄色物质、光合有效辐射、海洋气溶胶光学厚度、气溶胶 Angström 指数等；云产品包括云光学厚度、云顶气压、云反射率、云类型和云反照率等；陆地产品包括地表反射率、气溶胶光学厚度、气溶胶 Angström 指数、大气水汽含量、全球植被指数、陆表叶绿素指数等。3 级产品主要包括全球海洋叶绿素 a 年平均、全球大气水汽含量年平均，以及全球气溶胶光学厚度（865nm）年平均。

1.2.3　FY-3/MERSI 定量遥感产品体系

风云三号（FY-3）气象卫星是我国的第二代极轨气象卫星，它是在 FY-1 气象卫星技术基础上的发展和提高，在功能和技术上向前跨进了一大步，具有质的变化，具体要求是解决三维大气探测，大幅度提高全球资料获取能力，进一步提高云区和地表特征遥感能力，从而能够获取全球、全天候、三维、定量、多光谱的大气、地表和海表特性参数。FY-3 气象卫星的应用目的包括 4 个方面。

（1）为中期数值天气预报提供全球均匀分辨率的气象参数。

（2）研究全球变化包括气候变化规律，为气候预测提供各种气象及地球物理参数。

（3）监测大范围自然灾害和地表生态环境。

（4）为各种专业活动（航空、航海等）提供全球任一地区的气象信息，为军事气象保障服务。

FY-3 的研制和生产分为两个批次，01 批星共两颗卫星：FY-3A 和 FY-3B，其中，FY-3A 已经于 2008 年 5 月 7 日成功发射，FY-3B 已于 2010 年 11 月 5 日成功发射。02 批星共两颗卫星：FY-3C 和 FY-3D，其中，FY-3C 已于 2013 年 9 月 23 日成功发射，FY-3D 将于 2017 年年底或者 2018 年年初发射。FY-3 卫星系列将应用 15 年左右。FY-3 卫星的主要技术指标如下。

轨道类型：近极地太阳同步轨道

轨道标称高度：836km

轨道倾角：98.75°

标称轨道回归周期为 5.5 天，设计范围为 4~10 天

轨道保持偏心率：≤ 0.0025

交点地方时漂移：2 年小于 15 分钟

卫星发射窗口：降交点地方时 10:00 ~ 10:20 或升交点地方时 13:40 ~ 14:00

姿态稳定方式：三轴稳定

三轴指向精度：≤ 0.3°

三轴测量精度：≤ 0.05°

三轴姿态稳定度：≤ 4×10^{-3} °/s

太阳能帆板自动对日进行定向跟踪。

FY-3（01 批）星上有 11 种探测仪器，各仪器主要性能指标和探测目的见表 1.4。

表 1.4　FY-3(01 批) 遥感仪器主要性能指标

名称	性能参数		探测目的
可见光红外扫描辐射计 (VIRR)	光谱范围	0.43 ~ 12.5μm	云图、植被、泥沙、卷云和云相态、雪、冰、地表温度、海表温度、水汽总量等
	通道数	10	
	扫描范围	± 55.4°	
	地面分辨率	1.1km	

名称		性能参数		探测目的
大气探测仪器包	红外分光计 (IRAS)	光谱范围	0.69 ~ 15.0μm	大气温、湿度廓线、O_3总含量、CO_2浓度、气溶胶、云参数、极地冰雪、降水等
		通道数	26	
		扫描范围	±49.5°	
		地面分辨率	17km	
	微波温度计 (MWTS)	频段范围	50 ~ 57GHz	
		通道数	4	
		扫描范围	±48.3°	
		地面分辨率	50 ~ 75km	
	微波湿度计 (MWHS)	频段范围	150 ~ 183GHz	
		通道数	5	
		扫描范围	±53.35°	
		地面分辨率	15km	
中分辨率成像光谱仪 (MERSI)		频段范围	0.40 ~ 12.5μm	海洋水色、气溶胶、水汽总量、云特性、植被、地面特征、表面温度、冰雪等
		通道数	20	
		扫描范围	±55.4°	
		地面分辨率	0.25 ~ 1km	
微波成像仪 (MWRI)		频段范围	10 ~ 89GHz	雨率、云含水量、水汽总量、土壤湿度、海冰、海温、冰雪覆盖等
		通道数	10	
		扫描范围	±55.4°	
		地面分辨率	15 ~ 85km	
地球辐射探测仪 (ERM)		光谱范围	0.2 ~ 50μm, 0.2 ~ 3.8μm	地球辐射
		通道数	窄视场两个，宽视场两个	
		扫描范围	±50°（窄视场）	
		灵敏度	0.4W/(m^2·sr)	
太阳辐射监测仪 (SIM)		太阳辐射测量：		
		光谱范围	0.2 ~ 50μm	太阳辐射
		灵敏度	0.2W/m^2	
紫外臭氧垂直探测仪 (SBUS)		光谱范围	0.16 ~ 0.4 μm	
		通道数	12	
		扫描范围	垂直向下	
		地面分辨率	200km	O_3垂直分布

续表

名称	性能参数		探测目的
紫外臭氧总量探测仪（TOU）	光谱范围	0.3 ~ 0.36μm	
	通道数	6	
	扫描范围	±54°	
	星下点分辨率	50km	O₃ 总含量
空间环境监测器（SEM）	测量空间重离子、高能质子、中高能电子、辐射剂量；监测卫星表面电位与单粒子翻转事件等		卫星故障分析所需空间环境参数

MERSI 传感器是与 MODIS 接近的一个中分辨率成像光谱仪，FY-3 (01 批) 的中分辨率成像光谱仪具有 20 个通道，其中，19 个处于可见光、近红外和短波红外波段，其通道的设置基本上与 EOS 中的 MODIS 一致，所不同的是减掉了 1.240μm、1.375μm 两个通道，原因是前者探测器灵敏度太低，后者因为在扫描辐射计中已具有此通道，同时增加了一个 0.94μm 水汽吸收带通道。然而在热红外光谱区，MODIS 的 16 个通道所具有的性能，目前我国技术水平还难以达到。为了使 FY-3 现在的中分辨率成像光谱仪加强对地表特性的监测能力，我们将 250m 空间分辨率的通道增加到 5 个，其中包含一个 10.5~12.5μm 热红外窗区通道，这也是一个特色。FY-3 中分辨率成像光谱仪与 MODIS 的另一个差别是扫描范围较大，具有 ±55.4°，和扫描辐射计一致。MERSI 的波段设置见表 1.5。

表 1.5　MERSI 的波段设置

通道序号	中心波长 /μm	光谱带宽 /μm	空间分辨率 /m	噪声等效反射率 $\rho(\%)$、温差 (300K)	动态范围 [最大反射率 $\rho (\%)$、最大温度 (K)]
1	0.470	0.05	250	0.45%	100%
2	0.550	0.05	250	0.4%	100%
3	0.650	0.05	250	0.3%	100%
4	0.865	0.05	250	0.3%	100%
5	11.25	2.5	250	0.4 K	330K
6	0.412	0.02	1000	0.1%	80%
7	0.443	0.02	1000	0.1%	80%
8	0.490	0.02	1000	0.05%	80%
9	0.520	0.02	1000	0.05%	80%
10	0.565	0.02	1000	0.05%	80%
11	0.650	0.02	1000	0.05%	80%
12	0.685	0.02	1000	0.05%	80%
13	0.765	0.02	1000	0.05%	80%

通道序号	中心波长 /μm	光谱带宽 /μm	空间分辨率 /m	噪声等效反射率 ρ(%)、温差 (300K)	动态范围 [最大反射率 ρ (%)、最大温度 (K)]
14	0.865	0.02	1000	0.05%	80%
15	0.905	0.02	1000	0.10%	90%
16	0.940	0.02	1000	0.10%	90%
17	0.980	0.02	1000	0.10%	90%
18	1.030	0.02	1000	0.10%	90%
19	1.640	0.05	1000	0.05%	90%
20	2.130	0.05	1000	0.05%	90%

可见光红外扫描辐射计（VIRR）与 NOAA/AVHRR 传感器类似，它有 10 个 1km 分辨率的光谱通道，其中，既有高灵敏度的可见光通道，又有 3 个红外大气窗区通道。可见光红外扫描辐射计的主要用途是监测全球云量，判识云的高度、类型和相态，探测海洋表面温度，监测植被生长状况和类型，监测高温火点，识别地表积雪覆盖，探测海洋水色等。其波段设置及光谱特征见表 1.6。

表 1.6　可见光红外扫描辐射计光谱特征

通道	波段范围 /μm	噪声等效反射率 ρ(%)、噪声等效温差 (300K)	动态范围 [ρ(%) 或温度 (K)]
1	0.58~0.68	0.1%	0~100%
2	0.84~0.89	0.1%	0~100%
3	3.55~3.93	0.3K	180~350K
4	10.3~11.3	0.2K	180~330K
5	11.5~12.5	0.2K	180~330K
6	1.55~1.64	0.15%	0~90%
7	0.43~0.48	0.05%	0~50%
8	0.48~0.53	0.05%	0~50%
9	0.53~0.58	0.05%	0~50%
10	1.325~1.395	0.19%	0~90%

FY-3/MERSI 和 VIRR 一起形成了与 MODIS 基本一致的产品体系，在国家卫星气象中心网站（http://satellite.nsmc.org.cn/portalsite/default.aspx# ）上，可以看到如图 1.1 所示的产品下载界面。FY-3 的产品体系以单颗卫星来进行组织，每个卫星包括 1 级数据产品、图像产品、大气产品、陆表产品、海洋产品和辐射产品。根据每个卫星能够生产的产品，可以在数据名称中寻找到不同的产品。其中，MERSI 和 VIRR 对应的陆表产品包括火点判别、海上气溶胶、全球云量、全球云分类 / 相态、陆表温度、射出长波辐射、海表温度、晴空大气可降水、植被指数、叶面积指数等。

图 1.1　FY 序列产品下载界面

1.3　现阶段陆表定量遥感产品体系的关键要素

由 1.2 节中所介绍的定量遥感产品体系可以发现，现阶段的定量遥感产品体系大致有以下几个特点。

（1）以卫星或者传感器来进行组织。中国的风云产品是以风云系列卫星来进行组织的，但在进行产品下载的时候，每个产品又对应了相应的传感器；MODIS 和 MERIS 都是以单个传感器来进行组织的。

（2）生产的产品基本以单一传感器获取的数据作为输入，几乎没有多种数据协同反演的情况；现阶段的定量遥感产品在时空分辨率和精度方面都不能完全满足各种应用的需求。

（3）中低分辨率的卫星都具有全球高频次观测能力，与中高分辨率遥感卫星相比，波段往往都在 10 个以上，通常都是同时获取海洋、陆地和大气产品；中高分辨率遥感卫星通常以陆地产品为主，面向资源调查。

（4）由于卫星遥感在前期处于试验摸索阶段，现阶段的产品体系大多是以卫星来驱动的，而非应用和科学目标驱动；换言之，卫星和搭载的传感器获取的数据能够做什么决定了最后的产品和产品体系；在将来，随着科学与应用目标的聚焦和深化、卫星遥感技术的进一步发展等，定量遥感产品体系将逐渐转变成以科学与应用目标为导向。

（5）现阶段以卫星和数据驱动的定量遥感产品体系，针对特定的应用，其产品类型和产品链还不成熟和完善。

从以上分析可以看出，现阶段陆表定量遥感产品体系的关键要素包括以下几个方面。

（1）卫星平台：卫星平台的特点决定了卫星的运行方式或观测模式（极轨卫星、静止卫星、小卫星、可否变轨、侧摆等）、搭载的传感器（光学、红外、微波、高光谱、激光雷达等），以及观测能力（平台的稳定性、仪器的稳定性等）。

（2）传感器：传感器决定了数据的特点，以及可以生成的产品类型。

（3）地面接收与数据处理系统：几何定位、精校正、辐射定标、大气校正、仪器的长期标定等。

（4）丰富的产品类型和生产能力：能够生产什么的产品、产品的质量如何，以及产品的可用性和可获得性等。

（5）产品支持：产品研发团队、验证团队，以及后续的更新与技术支持，产品介绍、算法介绍、使用方法介绍、周边软件工具的开发与维护等。

（6）产品分发门户：具有门户网站，用于产品的分发、维护与技术支持等。

（7）面向一个或多个应用和科学目标：所有的定量遥感产品体系在最初都设置了自己的应用和科学目标，并且在不断的应用过程中，相关的应用和科学目标会逐渐增加。

近年来，随着遥感应用与科学的不断进步和成熟，面向特定科学与应用目标的定量遥感产品体系越来越明确了，"十三五"科学技术的重点研发项目指南都是以科学目标和重大应用作为导向来开展的。其中，包括面向碳循环、水循环、能量平衡等的长时间序列遥感产品集制备等项目。在卫星遥感系统研发方面，同样也体现了这样的趋势，如中国近年来提出并逐步开始实施了"碳卫星""水卫星"，以及"能量平衡卫星"等面向重大科学问题的卫星遥感系统研发计划。因此，未来的定量遥感产品体系将有如下特点。

（1）总是面向重大科学问题和重点应用方向，如碳循环、水循环、全球资源监测等。

（2）围绕目标整理形成定量遥感产品集，并在现有基础上发射一颗或者多颗卫星，形成卫星组网观测能力，并且可以通过虚拟组网的方式将其他国家和地区发射的卫星和以前的卫星纳入体系。

（3）全球数据接收的能力和标准化的数据处理技术，根据不同的参数产品特点，形成观测与接收计划，并在非同源数据结构和质量存在差异的情况下，可以快速生产标准化的数据集，从而实现数据的互通互用。

（4）研发和形成标准化的定量遥感产品集，产品集具备完备的生产技术体系，包括产品规格，产品介绍，产品生产算法介绍，产品质量控制，产品精度，产品的维护和更新规范，产品技术支持，方便、快捷、友好的产品分发等。

（5）高性能计算支持下的产品实时和准实时生产能力满足产品的时效性需求。

1.4　多源融合的陆表定量遥感产品设计思想

近年来，随着遥感数据越来越多，尤其是国产遥感数据，科学技术部国家遥感中心在"十二五"规划目标中，针对"发展天空地一体化的全国遥感网，显著提高空间信息服务能力"的核心内容，启动了"星机地综合定量遥感系统与应用示范"项目，其为"十二五"规划中的两个重大项目之一。星机地综合定量遥感项目是充分发挥卫星、航空、地面协同对地观测能力，提高遥感数据定量化获取与应用的重要方式，也是国际地球观测领域发展的必然趋势。星机地综合定量遥感项目将对我国在矿产、森林、水、粮食等资源和环境监测中的高精度信息提取和高效分发起到重要的推动作用。

该项目将重点研究星地协同观测与卫星组网关键技术，攻克多尺度时空遥感数据快速定量流程化处理、基于卫星组网和虚拟星座的综合定量遥感产品生成和真实性检验等关键技术，通过多学科、多领域应用示范，建立一套国家级的星机地综合定量遥感应用系统，实现事件驱动的遥感数据主动式服务，以及资源与环境遥感信息的业务化运行服务。

项目的主要研究内容包括以下 3 个方面。

（1）星机地综合数据获取与定标技术。

研究卫星组网、星机地协同、遥感载荷和数据质量测试等对地观测技术与系统，提高遥感数据的定量化与综合服务水平。

（2）定量遥感产品生产和真实性检验技术。

研究定量遥感产品反演与生产、多源遥感数据同化、遥感产品真实性检验等关键技术，提高定量遥感产品的精度和区域适用性。

（3）遥感产品服务与全球应用示范。

基于以上星机地综合数据获取与定量遥感产品生产系统，在森林资源、粮食安全、矿产资源、区域河流和生态环境等领域开展应用示范，建立定量遥感综合服务平台。

项目总体设计与运行结构如图 1.2 所示。

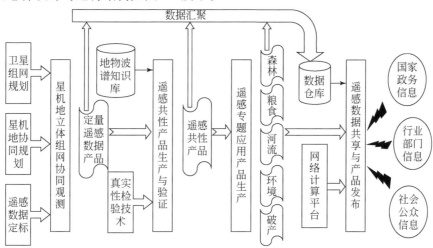

图 1.2　项目总体设计与运行结构

项目研究与系统开发主体包括四大部分。

（1）星机地立体组网协同观测。

星机地立体组网协同观测包括应用导向的卫星组网与地面成像仿真模拟、航空飞行规划、星机地协同观测规划和多源数据定标等，连接 6 个以上卫星数据中心数据库群，实现星机地综合观测体系下的定量遥感数据网络化服务。

（2）遥感共性产品生产与验证。

在地物波谱知识库和真实性检验技术支持下，开发遥感共性产品生产系统，实现 PB 级卫星遥感数据融合处理，形成全球公里级、区域百米级、典型地区十米级 40 种以上时空无缝的定量遥感共性产品生产能力。

（3）遥感专题应用产品生产。

基于定量遥感共性产品数据，研发面向林业、农业、矿产、水资源、生态环境等领域的定量遥感专题产品生产系统，形成20种以上多尺度、多时期典型应用领域定量遥感专题产品生产能力，以及20种以上生态环境要素监测与验证能力。

（4）遥感数据共享与产品发布。

制定综合定量遥感产品按需定制服务流程，开展技术与服务规范研究，研建以企业为运行主体的星机地综合定量遥感产品与运营系统，实现事件驱动的智能适配服务，具备TB级日处理、200个任务并行处理和在线服务能力。

其中，项目一期第四课题"多尺度遥感数据按需快速处理与定量遥感产品生成关键技术"的目标为，攻克多源遥感协同高精度定量反演与多尺度定量遥感产品生产关键技术，建立全球陆表综合观测的定量遥感产品技术体系；制定全球陆表综合观测定量遥感产品技术体系标准规范；建立按需流程的多尺度遥感数据快速处理与定量遥感产品生产原型系统，初步形成全球陆表综合观测多尺度定量遥感产品生产能力。该目标是以多源遥感数据协同使用为核心，也是下阶段遥感的发展趋势。在课题实施的过程中，研究团队试图通过卫星组网的方式获取：①多种空间分辨率数据。②多颗卫星协同观测形成的更高观测频次的数据。③光学-红外-微波等不同波段观测的数据；解决多源卫星数据的几何、辐射一致性技术，以及多源协同的地表参数反演技术；再通过算法自动化技术和高性能计算技术实现全球陆表综合定量遥感产品的快速、按需生产，从而更好地满足遥感应用、气候变化和全球变化方面的研究。总体思路如图1.3所示。

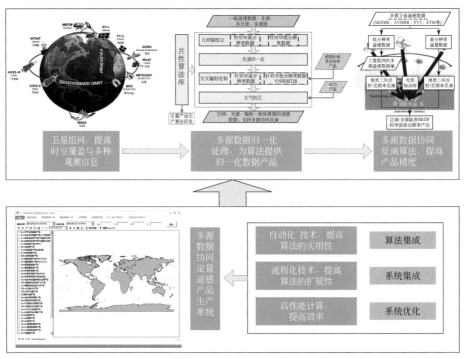

图1.3　多源协同定量遥感产品生产的总体思路

参 考 文 献

柳钦火，仲波，吴纪桃，等 . 2011. 环境遥感定量反演与同化 . 北京 : 科学出版社 .

Allen J R, Long D G. 2006. Microwave observations of daily antarctic sea-ice edge expansion and contraction rates. IEEE Geoscience and Remote Sensing Letters, 3(1):54-58.

Dubayah R, Rich P M. 1995. Topographic solar radiation models for GIS. International Journal of Geographical Information Systems, 9(4): 405-419.

第 2 章 多源协同陆表定量遥感产品体系

2.1 主要遥感数据

随着 NASA 的泰罗斯（Television Infrared Observation Satellite，TIROS-1）（Allison and Neil, 1962）卫星在 1960 年 4 月 1 日发射后，全球的对地观测技术已经发展了超过 50 年。在卫星平台与传感器技术发展壮大过程中，越来越多的对地观测计划应运而生，到现在为止已有上百颗卫星近千个传感器实施了对地观测任务。近 10 年来，我国已经发射了 30 余颗卫星，搭载了 130 余种载荷，数量位居世界前列。这些对地观测任务积累了大量的遥感数据，其中 Landsat 系列卫星所搭载的多光谱扫描仪（multi spectral scanner, MSS）、专题制图仪（thematic mapper, TM）、增强专题制图仪（enhanced thematic mapper plus, ETM+），以及最新一代的陆地成像仪（operational land imager, OLI）传感器已经积累了 30m 分辨率的对地观测 40 多年的数据，是 30m 分辨率对地观测数据中历史最长的；美国国家海洋和大气管理局（national oceanic and atmospheric administration，NOAA）系列卫星搭载的甚高分辨率辐射计（advanced very high resolution radiometer，AVHRR）数据则是 1km 分辨率数据中最长的，也超过了 40 年。这两个数据再加上近年来发射的新型卫星遥感数据，组成了有效的对地观测。这些数据的对地观测包含了从近紫外到微波波段、从垂直到多角度观测、从被动到主动、从低分辨率到甚高分辨率、十多天到每小时甚至每半小时的观测频率，形成了覆盖不同光谱、时间、空间、方式的综合对地观测能力。

从 20 世纪 60 年代到现在，对地观测领域得到了极大的发展，正在逐步完善。早期的对地观测计划主要针对气象及陆地资源的监测等领域；如今对地观测计划已经涵盖了包括陆地资源与环境监测、海洋资源与环境监测、大气监测、灾害及应急响应、国家安全和全球变化（气候变化）6 个领域，形成了一个较为完整的体系。对地观测在这 6 个领域的发展初期是分开的，各个领域都在发展相应的对地观测计划；随着对地观测领域的完善，现在的对地观测计划开始趋向于综合考虑这 6 个领域。最具代表性的是欧盟于 2003 年启动开展的哥白尼计划（Copernicus Programme, http://copernicus.eu/）。

哥白尼计划原来叫作全球环境与安全监测计划，欧盟委员会计划在 1998~2020 年投入 84 亿欧元来建立一个自主的、多层次的业务化对地观测计划。该计划的主要目标是利用多源数据（以遥感数据为主）来获取及时且高质量的信息、服务和知识，从而能够在全球范围内提供自主和独立的环境和安全信息，实现获取地球"健康"的综合且全面的知识。而哥白尼计划所获取的数据将涵盖现阶段对地观测的全部 6 个流域。

为了实现以上目标，哥白尼计划制订了具体的对地观测任务，该任务由 Sentinel 任务（mission）和可贡献于哥白尼计划的其他对地观测任务两个部分组成。具体组成结构见表 2.1。

表 2.1　哥白尼计划组成

Sentinel 任务卫星	任务组成	Sentinel-1
		Sentinel-2
		Sentinel-3
		Sentinel-4
		Sentinel-5(先驱)
		Sentinel-5
		Sentinel-6
	已发射	Sentinel-1A
可贡献于哥白尼计划的其他对地观测任务及卫星 (contributing missions)	合成孔径雷达 (SAR)	ERS-2
		Envisat
		COSMO-SkyMed
		Radarsat-2
		TerraSAR-X
		TanDEM-X
		PAZ
	光学传感器 (optical sensors)	ERS-2
		Envisat
		Deimos-2
		Disaster Monitoring Constellation
		EnMAP
		HiROS
		Pléiades
		Prisma
		Proba-V
		RapidEye
		SEOSat/Ingenio
		SPOT
		VENμS

续表

可贡献于哥白尼计划的其他对地观测任务及卫星 (contributing missions)	高度计 (altimetry systems)	Envisat
		CryoSat
		Ocean Surface Topography Mission
		SARAL
	大气 (atmosphere)	CALIPSO
		Envisat
		Merlin
		Meteosat Second Generation
		MetOp

Sentinel 任务由 7 个子任务组成，包括雷达、超光谱成像仪，主要用于陆地、大气和海洋监测。这 7 个子任务如下。

（1）Sentinel-1：提供全天候的雷达影像，用于陆地和海洋领域的相关服务。Sentinel-1 是一个卫星星座，包括两颗卫星，其中 Sentinel-1A 已经于 2014 年 4 月 3 日成功发射。

（2）Sentinel-2：提供高分辨率光学遥感数据，用于陆地资源监测（包括植被、土壤、水体、河道和海岸带等）和应急响应。Sentinel-2 也是一个卫星星座，其中第一颗卫星于 2015 年 6 月发射；第二颗卫星于 2017 年 3 月发射。

（3）Sentinel-3：主要用于海洋和全球陆地监测服务，已于 2016 年 2 月发射。

（4）Sentinel-4：是欧洲的第三代气象卫星，这是一个静止卫星，主要进行气象预报和大气成分监测，计划于 2021 年发射。

（5）Sentinel-5 先驱：是介于 Sentinel-5 和 Envisat 之间的卫星，主要用于弥补这两个计划之间的空缺。主要用于大气监测和全球变化研究，已于 2017 年 10 月发射。

（6）Sentinel-5：是欧洲极轨气象卫星的后续卫星，主要用于大气监测、天气预报和全球变化研究，计划于 2021 年发射。

（7）Sentinel-6：是继 Jason-2 卫星之后的高精度的高度计观测卫星。

可贡献于哥白尼计划的其他任务是，在 Sentinel 任务之前，可向哥白尼计划提供数据的一些对地观测任务。这些任务主要如下。

（1）ERS：欧洲遥感卫星计划，包括一期（1991~2000 年）和二期（1995 年至今），主要用于海洋表面温度、海面风速及大气臭氧监测。

（2）Envisat：全球最大的对地观测平台（2002~2012 年），搭载了包括先进的合成孔径雷达（ASAR）和中分辨率光谱成像仪（MERIS）等仪器，主要用于地球陆表、大气、海洋、冰盖等领域的监测。

（3）地球探索计划（Earth Explorers）：该计划是专门致力于地球环境监测的对地观测计划，该计划是小型的研究计划；该计划主要集中于大气圈、生物圈、水圈、冰雪圈和地球内部的观测，研究这些圈层之间，以及圈层与人类活动之间的相互作用与过程。该计划包括 7 个子计划。

　　GOCE：主要用于地球重力场与海洋稳定状态观测，发射于 2009 年 3 月；

　　SMOS：主要用于土壤水分和海洋盐度观测，发射于 2009 年 11 月；

　　CryoSat-2：主要用于浮冰的厚度观测，发射于 2010 年 4 月；

　　Swarm：主要用于地磁观测，发射于 2013 年 11 月；

　　ADM-Aeolus：用于大气动力监测，计划于 2018 年 1 月发射；

　　EarthCARE：地球云、气溶胶和辐射监测，计划于 2019 年 8 月发射；

　　BIOMASS：地球生物量监测，计划于 2020 年发射。

　　（4）MSG：第二代欧洲静止气象卫星。

　　（5）MetOp：欧洲第一代用于气象的业务化极轨卫星计划。该计划从 2006 年开始在 14 年的时间里发射三颗卫星。这些数据将用于欧洲气象业务化应用和气候变化研究。

　　（6）SPOT：由一系列的高分辨率光学传感器组成，可以提供陆地和海洋资源的监测。另外，SPOT-4/5 所搭载的 VEGETATION 传感器还可以实现全球植被的高频次监测。

　　（7）TerraSAR-X：主要用于地形测算的卫星，还可以用于土地利用与土地覆盖、地形制图、森林监测、应急响应和环境监测等领域。

　　（8）COSMO-SkyMed：用于地震波分析、灾害监测、农业制图等领域的小卫星星座，包括 4 个独立的小卫星。

　　（9）DMC：灾害监测星座，由 5 个遥感小卫星组成。

　　（10）JASON-2：用于海洋表面地形、洋面风速和浪高等观测。

　　（11）Pléiades：两颗甚高分辨率光学卫星组成的星座，主要用于城市规划、农业和环境监测等领域。

　　在卫星对地观测领域的研究，美国是最早开始的。与欧洲不同，美国的卫星对地观测计划分散于多个机构，不同的机构根据各自的需求有不同的对地观测计划，主要机构包括 NASA、NOAA、美国地质调查局（United States Geological Survey，USGS）和美国国防部（United States Department of Defense，DoD）等。其中，NASA 是以新型卫星平台、传感器研发和全球变化研究为主导；NOAA 则以海洋和大气监测业务为主导；USGS 则以陆地资源调查为主导；DoD 则以国防需要为主导。随着卫星平台和传感器技术的日趋完善，各个机构之间也在开始相互协作和融合。

　　目前，美国已经开展的主要卫星对地观测计划如下。

　　（1）Landsat（陆地卫星）：Landsat 系列卫星是在 30m 空间分辨率领域全球最长的对地观测计划，从 1972 年开始已经持续获取了全球 45 年的卫星遥感数据，该卫星是由 USGS 运行的。其中，Landsat-1~3 搭载的是多光谱扫描仪（MSS）；Landsat-4~5 搭载的是专题成像仪（TM）；Landsat-7 搭载的是增强专题成像仪（ETM+）；最新的卫星为 Landsat-8，搭载了全色、多光谱（从可见光到中红外）和热红外等不同的传感器，空间分辨率分别为 15m，30m 和 100m。从 Landsat-1~8 的数据具有非常好的继承性，成了全球在资源环境调查领域用的最为广泛的一种数据。这些数据被广泛应用于农业、林业、地质、地图制图、区域规划、资源调查和教学等多个领域。

（2）POES（极轨业务化环境卫星计划）：其是由 NOAA 运行的，主要用于气象业务化运行的卫星群，也可用于全球陆地和海洋监测，以及全球变化研究；POES 系列卫星所获取的数据是全球持续时间最长的中低分辨率对地观测记录，最早可以追溯至 20 世纪 50 年代，对于全球变化研究具有极其重要的作用。其由 TIROS（Allison and Neil, 1962）系列卫星演化而来，现阶段被称为 NOAA 系列卫星，搭载的传感器包括 AVHRR/3（辐射计）、HIRS/4（红外辐射探测仪）、AMSU（微波探测单元）、SEM（空间环境监测仪）、MHS（微波湿度探测仪）等。其可以实现对陆地、海洋和大气的多手段、全天候观测。

（3）GOES（地球同步业务化环境卫星计划）：其是由 NOAA 运行的，与 POES 相同，主要用于气象业务化运行的卫星群，但 GOES 是地球同步卫星，主要集中于北美洲和邻近区域的观测。静止卫星与极轨卫星相比，时间分辨率更高，可以实现小时乃至半小时的对地观测。其搭载的主要仪器为辐射计。

（4）EOS（对地观测系统计划）：其是由 NASA 运行的，由一系列卫星计划组成，主要搭载一些性能更高的用于科学研究的实验性传感器，主要聚焦于对陆地表面、生物圈、大气和海洋的长期的全球观测。主要的卫星计划见表 2.2。

表 2.2　EOS 系类卫星计划信息列表

卫星	发射日期	运维机构	任务描述
ACRIMSAT	1999.12.20	NASA/JPL	太阳总辐照度研究
ADEOS II(Midori II)	2002.12.14	JAXA/NASA	水和能量循环监测
SeaWiFS	1997.8.1		获取定量化的生物光学参数
TRMM	1997.11.28	NASA/JAXA	热带降水监测与研究
Landsat-7	1999.4.15	NASA	获取全球地表影像
QuikSCAT	1999.6.19	NASA/JPL	全球近地表风速获取
Terra(EOS-AM)	1999.12.8	多个机构	获取全球海洋、陆地和大气状态参数
NMP/EO-1	2000.11.21	NASA/GSFC	对地观测新技术
Jason 1	2001.12.7	NASA/CNES	洋流速度和高度获取
Meteor 3M-1/Sage III	2001.12.10		地球大气观测
GRACE	2002.3.17	NASA/DLR	地球重力场观测
Aqua	2002.5.4	多个机构	地球系统水循环信息获取
ICESat	2003.1.12	NASA	冰雪质量、云及气溶胶高度、地形及植被观测
SORCE	2003.1.15	NASA	太阳观测
Aura	2004.7.15	多个机构	臭氧和空气质量观测
CloudSat	2006.4.28	NASA	云垂直结构和冰水含量观测
CALIPSO	2006.4.28	NASA/CNES	气溶胶和云在气候变化中的作用研究

续表

卫星	发射日期	运维机构	任务描述
SMAP	2015.1.31		表层土壤水分及冻融观测
OCO-2	2014.7.12	NASA	二氧化碳监测
Aquarius	2011.6.11	NASA/CONAE	海洋盐度的时空分布
Landsat-8	2013.2.11	NASA/USGS	获取全球地表影像

（5）JPSS（联合极轨卫星系统）：JPSS 是继 NOAA 系列卫星之后用于天气和气候监测与研究的对地观测卫星计划。该计划与 NOAA 系统相比融入了 EOS 计划中先进的仪器。该卫星计划搭载了下列传感器。

可见光及红外成像仪和辐射计套装设备（visible/infrared imager/radiometer suite, VIIRS）：VIIRS 是一个具有多波段城乡能力的光电成像仪，其数据可以用于云和气溶胶属性参数、地表类型、植被指数、海色、海洋和陆表温度，以及低光下可见光成像等领域。VIIRS 具有 22 个通道，具有全球逐日观测等能力，波段范围包括可见光、近红外、短波红外、中红外到长波红外。VIIRS 是 JPSS 的首要仪器，用于全球 21 种环境参数的获取。

红外探测仪（cross-track infrared sounder, CrIS）：CrIS 是一个基于傅里叶变化的光谱仪，具有非常高的光谱分辨率，在 3~16 μm 具有约 1300 个通道，通过测量 3~16 μm 的上行辐射 LAI 获取大气廓线，包括温度、湿度和压力等，具有 2200km 的幅宽。

高技术微波探测仪（advanced technology microwave sounder, ATMS）：ATMS 是具有高空间分辨率的微波探测器，具有 22 个微波通道，可以获取有云情况下的温度和湿度监测，主要波段包括 23/31GHz，50GHz，89GHz，150GHz 和 183GHz。

臭氧制图及廓线组件设备（ozone mapping and profiler suite, OMPS）：OMPS 用于从太空中监测大气臭氧。OMPS 可以获取臭氧的垂直分布信息和总含量。

云及地球辐射能量系统（cloud and earth radiant energy system, CERES）：CERES 试图通过对地球辐射收支成分的时空分布观测 LAI 提高天气预报和气候模型的预测精度。CERES 搭载了宽波段的辐射计，将和 VIIRS 一起用于研究地球能量平衡的变化，以及云和气溶胶等参数的变化对能量平衡的影响。

总太阳辐射探测仪（total solar irradiance sensor, TSIS）：TSIS 用于测量太阳的总输出，包括总太阳辐照度。

经过几十年的发展，中国的对地观测计划也有了翻天覆地的变化，形成了与欧美相对应的一系列观测计划，包括：

（1）资源系列卫星：用于资源调查与环境监测及减灾救灾等。

中巴地球资源卫星：中巴地球资源卫星是 1988 年中国和巴西两国政府联合议定批准，由中国和巴西两国共同投资，联合研制的卫星（代号 CBERS）。1999 年 10 月 14 日，中巴地球资源卫星 01 星（CBERS-01）成功发射，在轨运行 3 年 10 个月；02 星（CBERS-02）于 2003 年 10 月 21 日发射升空，目前仍在轨运行（中巴地球资源卫星传感器基本参数见表 2.3）。2004 年中巴两国正式签署补充合作协议，启动资源 02B 星研制工作。2007 年 9

月 19 日，卫星在中国太原卫星发射中心发射，并成功入轨，2007 年 9 月 22 日首次获取了对地观测图像。2007 年 10 月 29 日，国防科学技术工业委员会与国土资源部签署协议，国土资源部成为资源 02B 星的主用户。02B 星是具有高、中、低三种空间分辨率的对地观测卫星，搭载的 2.36m 分辨率的 HR 相机改变了国外高分辨率卫星数据长期垄断国内市场的局面，在国土资源、城市规划、环境监测、减灾防灾、农业、林业、水利等众多领域发挥了重要作用。02B 星的应用在国际上也产生了广泛的影响，2007 年 5 月，我国政府以资源系列卫星加入国际空间及重大灾害宪章机制，承担为全球重大灾害提供监测服务的义务；2007 年 11 月，在南非召开的国际对地观测组织会议上，中国政府代表宣布与非洲共享资源卫星数据。

表 2.3　中巴资源星有效载荷及性能指标

平台	有效载荷	波段号	光谱范围 /μm	空间分辨率 /m	幅宽 /km	侧摆能力	重访时间 / 天	数传数据率 /Mbps
CBERS-01	CCD 相机	B01	0.45 ~ 0.52	20	113	±32°	26	106
		B02	0.52 ~ 0.59	20				
		B03	0.63 ~ 0.69	20				
		B04	0.77 ~ 0.89	20				
		B05	0.51 ~ 0.73	20				
	红外多光谱扫描仪 (IRMSS)	B06	0.50 ~ 0.90	78	119.5	无	26	60
		B07	1.55 ~ 1.75	78				
		B08	2.08 ~ 2.35	78				
		B09	10.4 ~ 12.5	156				
	宽视场成像仪 (WFI)	B10	0.63 ~ 0.69	258	890	无	5	1.1
		B11	0.77 ~ 0.89	258				
CBERS-02B	CCD 相机	B01	0.45 ~ 0.52	20	113	±32°	26	106
		B02	0.52 ~ 0.59	20				
		B03	0.63 ~ 0.69	20				
		B04	0.77 ~ 0.89	20				
		B05	0.51 ~ 0.73	20				
	高分辨率相机 (HR)	B06	0.5 ~ 0.8	2.36	27	无	104	60
	宽视场成像仪 (WFI)	B07	0.63 ~ 0.69	258	890	无	5	1.1
		B08	0.77 ~ 0.89	258				

环境与灾害监测预报小卫星星座（简称环境星）：该星座 A、B 星 (HJ-1A 和 HJ-1B 星) 于 2008 年 9 月 6 日上午 11 点 25 分成功发射，HJ-1A 星搭载了 CCD 相机和超光谱成像仪（HSI），HJ-1B 星搭载了 CCD 相机和红外相机（IRS）。在 HJ-1A 卫星和 HJ-1B 卫星上均装载的两台 CCD 相机设计原理完全相同，以星下点对称放置，平分视场、并行观测，联合完成对地刈幅宽度为 700km、地面像元分辨率为 30m、4 个谱段的推扫成像。此外，HJ-1A 卫星上装载有一台超光谱成像仪，完成对地刈幅宽度为 50km、地面像元分辨率为 100m、110 ~ 128 个光谱谱段的推扫成像，具有 ±30° 侧视能力和星上定标功能。在 HJ-1B 卫星上还装载有一台红外相机，完成对地刈幅宽度为 720km、地面像元分辨率为 150m/300m、近短中长 4 个光谱谱段的成像。各载荷的主要参数如表 2.4 所示。HJ-1A 和 HJ-1B 两颗星所搭载的 4 个 CCD 传感器可以实现 30m 分辨率数据对地观测周期缩短到 2 天，对于国土资源的实时监测与土地覆盖分类等应用方面（Zhong et al., 2014）的能力具有极大的提升作用。到目前为止，环境星数据是我国使用最广泛的国产中高分辨率数据，被应用于各个行业部门。

表 2.4　HJ-1A 和 HJ-1B 卫星主要载荷参数

平台	有效载荷	波段	光谱范围 /μm	空间分辨率 /m	幅宽 /km	侧摆能力	重访时间 / 天	数传数据率 /Mbps
HJ-1A	CCD 相机	1	0.43~0.52	30	360(单台) 700(两台)	—	4	120
		2	0.52~0.60	30				
		3	0.63~0.69	30				
		4	0.76~0.90	30				
	高光谱成像仪		0.45~0.95(110~128 个谱段)	100	50	±30°	4	
HJ-1B	CCD 相机	1	0.43~0.52	30	360(单台) 700(两台)	—	4	60
		2	0.52~0.60	30				
		3	0.63~0.69	30				
		4	0.76~0.90	30				
	红外多光谱相机	5	0.75~1.10	150（NIR）	720	—	4	
		6	1.55~1.75					
		7	3.50~3.90					
		8	10.5~12.5	300（TIR）				

资源卫星：资源一号 02C 卫星（简称 ZY-1/02C）于 2011 年 12 月 22 日成功发射。ZY-1/02C 卫星重约 2100kg，设计寿命 3 年，搭载有全色多光谱相机和全色高分辨率相机，

主要任务是获取全色和多光谱图像数据，可广泛应用于国土资源调查与监测、防灾减灾、农林水利、生态环境、国家重大工程等领域。ZY-1/02C 星具有两个显著特点：一是配置的 10m 分辨率 P/MS 多光谱相机是我国民用遥感卫星中最高分辨率的多光谱相机；二是配置的两台 2.36m 分辨率 HR 相机使数据的幅宽达到 54km，从而使数据覆盖能力大幅增加，使重访周期大大缩短。

资源三号卫星于 2012 年 1 月 9 日成功发射。资源三号卫星重约 2650kg，设计寿命约 5 年。该卫星的主要任务是长期、连续、稳定、快速地获取覆盖全国的高分辨率立体影像和多光谱影像，为国土资源调查与监测、防灾减灾、农林水利、生态环境、城市规划与建设、交通、国家重大工程等领域的应用提供服务。资源三号卫星是我国首颗民用高分辨率光学传输型立体测图卫星，卫星集测绘和资源调查功能于一体。资源三号上搭载的前、后、正视相机可以获取同一地区 3 个不同观测角度的立体像对，能够提供丰富的三维几何信息，填补了我国立体测图这一领域的空白，具有里程碑意义。

高分卫星：中国高分辨率对地观测系统（简称高分专项）是中国国家中长期科学和技术发展规划纲要（2006~2020 年）的 16 个重大科技专项之一。该系统将统筹建设基于卫星、平流层飞艇和飞机的高分辨率对地观测系统，完善地面资源，并与其他观测手段结合，形成全天候、全天时、全球覆盖的对地观测能力，由天基观测系统、临近空间观测系统、航空观测系统、地面系统、应用系统等组成，于 2010 年经过国务院批准启动实施。国防科学技术工业委员会作为该专项的牵头组织单位，在国家发展和改革委员会、科学技术部、财政部等十余家专项领导小组成员单位的支持下，共同负责该专项工程的组织和管理，包括从高分一号到高分七号共 7 颗卫星，涵盖了高空间分辨率、宽覆盖、高光谱、地球同步、高分辨率立体测绘、大气探测等多个领域。现在已经发射的包括高分一号和高分二号两颗卫星。

高分一号卫星搭载了两台 2m 分辨率全色 /8m 分辨率多光谱相机，4 台 16m 分辨率多光谱相机。卫星工程突破了高空间分辨率、多光谱与高时间分辨率结合的光学遥感技术，多载荷图像拼接融合技术，高精度高稳定度姿态控制技术，5~8 年寿命高可靠卫星技术，高分辨率数据处理与应用等关键技术，对于推动我国卫星工程水平的提升，提高我国高分辨率数据的自给率具有重大战略意义。

高分二号卫星是我国自主研制的首颗空间分辨率优于 1m 的民用光学遥感卫星，搭载有两台高分辨率 1m 全色、4m 多光谱相机，具有亚米级空间分辨率、高定位精度和快速姿态机动能力等特点，有效地提升了卫星综合观测效能，达到了国际先进水平。高分二号卫星于 8 月 19 日成功发射，8 月 21 日首次开机成像并下传数据。这是目前我国分辨率最高的民用陆地观测卫星，星下点空间分辨率可达 0.8m，标志着我国遥感卫星进入了亚米级的"高分时代"。主要用户为国土资源部、住房和城乡建设部、交通运输部和国家林业局等部门，同时还将为其他用户部门和有关区域提供示范应用服务。

（2）气象卫星：用于气象预报、气候变化研究、大气成分获取、云及气溶胶特性参数获取等。

风云系列卫星是中国的气象卫星，目前有风云一号 D 卫星，风云二号 D、E、F、G 卫星，风云三号 A、B、C 卫星，共 8 颗气象卫星在轨运行。

风云一号气象卫星为中国研制的第一代太阳同步轨道气象卫星。卫星可以向世界各地云图接收站发送实时的卫星云图,还可以对海洋水色进行探测和对海温进行遥感研究;卫星携带有空间粒子成分监测器,可对空间环境进行研究。风云一号 A 卫星于 1988 年9 月 7 日发射升空,后出现了控制系统故障,只工作了 39 天。太阳同步轨道,轨道高度为 901km,倾角 99°,周期为 102.8 分钟。卫星质量为 750kg,主体为 1.4m×1.4m×1.2m六面体,连同天线和太阳电池阵展开尺寸为 1.76m×8.6m。卫星姿态采用三轴稳定对地定向控制。有效载荷有五通道红外和可见光扫描辐射计、数据收集系统、空间环境检测器等。风云一号 B 卫星于 1990 年 9 月 3 日发射升空,后出现了控制系统故障,只工作了 158 天。风云一号 C 卫星在性能上做了较大改进,卫星总质量为 958kg,轨道高870km,倾角为 98.8°,卫星主体呈立方体,长 2.02m,宽 2m,高 2.215m,设计寿命为两年。该卫星于 1999 年 5 月 10 日发射升空,并超期服役,到 2005 年工作依然正常,这颗星已被列入世界气象业务应用卫星的序列。风云一号 D 卫星从 2000 年开始正样设计,其在继承了风云一号 C 卫星的成功经验和技术的基础上,科学家对其技术状态做了14 项改进,以进一步提高其稳定性。该卫星的质量为 950kg,于 2002 年 5 月 15 日在太原卫星发射中心用长征四号 B 火箭发射升空 (Huang et al., 2008),至 2010 年仍在轨运行,超期服役 6 年多。

风云二号气象卫星是中国研制的第一代地球同步轨道气象卫星,其主要任务是进行对地观测,每小时获取一次对地观测的可见光、红外线和水汽的云图。

a. 01 批卫星

风云二号 A 卫星(02 星)主体呈圆柱体,直径为 2.1m、高 1.606m。发射时质量为1369kg。卫星于 1997 年 6 月 17 日定位于 105°E 的地球同步轨道,自旋稳定,设计寿命为 3 年。1997 年 6 月 21 日获取第一张可见光云图,1997 年 7 月 13 日获取第一张水汽、红外云图。

风云二号 B 卫星(03 星)于 2000 年 6 月 25 日由长征三号火箭从西昌卫星发射中心发射升空。

b. 02 批卫星

风云二号 C 卫星(04 星)于 2004 年 10 月 19 日由长征三号甲运载火箭从西昌卫星发射中心发射升空。该卫星除了可以进行天气预报外,还能对气候进行监测预估、探测陆地和海洋、观测草原及森林火险、测风、观测大雾和沙尘暴等,风云二号 E 卫星投入业务运作后改为区域观测。

风云二号 D 卫星(05 星)于 2006 年 12 月 8 日由长征三号甲运载火箭从西昌卫星发射中心发射升空。

风云二号 E 卫星(06 星)于 2008 年 12 月 23 日 8 时 54 分,由长征三号甲运载火箭从西昌卫星发射中心发射升空。于 2009 年 2 月 28 日完成在轨测试圆满完成,最初进入在轨备份模式,同年 12 月 23 日正式接替已超期"服役"的风云二号 C 卫星 (Pan et al., 2004)。

c. 03 批卫星

风云二号 F 卫星(07 星)于 2012 年 1 月 13 日由长征三号甲运载火箭从西昌卫星发

射中心发射升空。

风云二号 G 卫星（08 星）于 2014 年 12 月 31 日 9 时 02 分，由长征三号甲运载火箭从西昌卫星发射中心发射升空。定点于 99.5°E 赤道上空地球同步轨道。其于 2015 年 1 月 8 日 13 点正式获取了第一幅可见光云图，杂散光问题大大减少。

风云三号气象卫星是中国研制的新一代极地轨道气象卫星，主要用于有关大雾、冰凌、积雪覆盖、水情、火情等方面的监测服务。

d. 01 批卫星

风云三号 A 卫星（FY-3A）于 2008 年 5 月 27 日由长征四号 B 火箭从太原卫星发射中心发射升空 (Fensholt and Proud, 2012)，并于 2008 年 5 月 29 日获取第一轨可见光图像，其上装载有中分辨率光谱成像仪 (Fomferra and Brockmann, 2005)。目前，风云三号已被纳入了国际新一代极轨气象卫星网络 (Allison and Neil, 1962)。

风云三号 B 卫星（FY-3B）于 2010 年 11 月 5 日 2 时 37 分在太原卫星发射中心由长征四号丙运载火箭发射，将与风云三号 A 卫星协同工作，观测全球气象。其位置、运行轨道等参数都与 A 卫星相同。

e. 02 批卫星

风云三号 C 卫星（FY-3C）于 2013 年 9 月 23 日上午 11 时 07 分在太原卫星发射中心由长征四号丙运载火箭发射。

（3）海洋卫星：用于海洋参数及海洋资源调查等。

海洋一号卫星 (HY-1) 是应国家海洋局要求研制的一颗试验业务卫星，为海洋生物的资源开放利用、海洋污染监测与防治、海岸带资源开发、海洋科学研究等领域服务。海洋一号卫星用于观测海水光学特征、叶绿素浓度、海表温度、悬浮泥沙含量、可溶有机物和海洋污染物质，并兼顾观测海水、浅海地形、海流特征和海面上大气气溶胶等要素，掌握海洋初级生产力分布、海洋渔业及养殖业资源状况和环境质量，了解重点河口港湾的悬浮泥沙分布规律，为海洋生物资源合理开发利用、沿岸海洋工程、河口港湾治理、海洋环境监测、环境保护和执法管理等提供科学依据和基础数据。

海洋二号卫星（HY-2）是中国第一颗海洋动力环境卫星，该卫星集主、被动微波遥感器于一体，具有高精度测轨、定轨能力，以及全天候、全天时、全球探测能力。其主要使命是监测和调查海洋环境，获得包括海面风场、浪高、海流、海面温度等多种海洋动力环境参数，直接为灾害性海况预警预报提供实测数据，为海洋防灾减灾、海洋权益维护、海洋资源开发、海洋环境保护、海洋科学研究和国防建设等提供支撑服务。海洋二号卫星工程研制于 2007 年 1 月，获得了国防科学技术工业委员会、财政部的联合批复。该卫星由航天科技集团公司中国空间技术研究院研制，于 2011 年 8 月 16 日 6 时 57 分在太原卫星发射中心采用 CZ-4B 运载火箭发射成功。HY-2 卫星装载雷达高度计、微波散射计、扫描微波辐射计和校正微波辐射计，以及 DORIS、双频 GPS 和激光测距仪。

现阶段，仅从中国、欧洲和美国 3 个国家级区域性的卫星观测计划中，我们就可以获取到数十颗卫星的遥感数据。这些遥感数据涵盖了从近紫外、可见光、近红外、短波红外、中红外、热红外、微波的不同谱段的数据，空间分辨率也从米级一直到数十千米级，时间分辨率和观测方式等也都多种多样，因此，如何综合利用多源遥感数据将成为未来遥感研究领域的热点问题。

2.2　多源遥感数据特点

卫星平台、传感器、遥感数据、定量反演算法、定量遥感产品生产与免费发布及各种遥感应用系统的建立，使得遥感在社会方方面面的应用得到了蓬勃的发展。尽管遥感数据的种类越来越多，但大部分遥感应用和产品生产系统都使用单一的遥感数据源来完成，其在信息获取的种类、精度和时空属性等方面都有较大的缺陷，从而阻止了遥感数据的进一步应用，因此，多源协同的反演思想应运而生，为遥感科学及应用的发展提供了一种思路。

首先，不同类型的遥感数据具有不同的优势，利用不同类型的遥感数据来反演地表参数时，可以利用各自的优势更好地获取地表参数。表 2.5 给出了不同类型遥感数据的优势和示例数据。

表 2.5　多源遥感数据优势分析

数据类型	优势分析	示例数据
高分辨率数据	空间分辨率高，可以获取不同清晰程度的地表结构信息；可用于 DEM、小型地物和目标的识别与提取等	GF-1、GF-2、ZY-3、GEOEYE 等
静止卫星数据	可以在一日内高频次地获取大气和地表图像；可用于天气预报、灾害监测、沙尘预报等	FY-2E、MTSAT、MSG、GOES 等
中分辨率数据	时间和空间分辨率介于高分辨率数据和静止卫星数据之间；可用于全球植被、土壤、资源的监测，适合全球变化研究	FY-3/MERSI、MODIS、MERIS 等
微波数据	具有穿透性，可全天候进行对地观测；可用于土壤水分、地表温度等观测	FY-3/WMRI、SMOS 等
高光谱数据	光谱分辨率高，可以用地物类型的精细识别，如植物类型、矿物等	HJ/HIS、Hyperion 等

其次，在对多源遥感数据优势分析的基础上，多源数据就可以协同使用，从而发挥不同的遥感数据优势，实现地表参数的高精度定量反演，提升地表参数在某方面的性能。表 2.6 给出了部分地表参数如何通过卫星组网的方式来实现高精度的定量反演。

表 2.6   多源数据协同使用的优势

参数类型	协同方式	协同优势
BRDF、植被指数、反照率、物候期	同类型中低分辨率极轨卫星组网（MODIS、AVHRR、MERIS、MERSI、VIRR 等）	形成短时间内的多角度、多波段数据集，提高产品的时间分辨率和精度
全球 AOD、地表温度、大气水汽	同类型中低分辨率极轨卫星组网（MODIS、AVHRR、MERIS、MERSI、VIRR 等）	形成一天内多次观测，提高单日时间频度
植被覆盖度、叶面积指数、FPAR	多尺度卫星数据组网（MODIS、HJ 等）	利用高分辨率数据的结构信息与中低分辨率数据融合，提高全球产品反演精度
下行短波辐射、下行长波辐射、PAR、净辐射	静止卫星与极轨卫星组网（FY-2E、MTSAT、GOES、MSG、MODIS、AVHRR 等）	静止卫星组网形成全球 3 小时观测能力，并用极轨卫星数据提供高分辨率信息，提高辐射产品精度
土壤水分、感热、潜热、蒸散发、海面温度、海冰分布	微波与可见光数据组网（SSMI 和 MODIS 等）	结合微波数据全天候与光学数据分辨率高的特点，同时提高产品精度和空间分辨率

2.3   多源协同陆表定量遥感产品体系

与建立在单一数据源基础上的定量遥感产品体系相比，本书所介绍的多源协同定量遥感产品体系具有以下特点。

（1）多源遥感数据：生产定量遥感产品的数据来自不同卫星平台和传感器，包括 30m、300m、1km、5km、25km 等多个不同尺度，包括可见光近红外、短波红外、热红外、被动微波、激光雷达等不同类型的数据。

（2）多个空间尺度产品：形成了 30m、1km 和 5km 3 个不同空间尺度的产品集。

（3）产品规格得到提升：1km 分辨率产品的时间分辨率从 8 天或 16 天，提升到 5 天，时间分辨率的提升对于地表的动态变化反应更加及时有效；在时间分辨率提升的同时，大部分产品的空间缺失变小；从而，从时间和空间两个维度提升了产品的可用性。

（4）产品的类型增加：相比于单一数据源所生产的产品类型，多源遥感数据可以吸取更多数据的优势和特点，从而在产品的类型丰富性上得到提高。

（5）产品精度变化：由于多源数据的加入，其在数据共用性上增加了难度，但在时空分辨率上提高了产品规格；因此，有弊有利，在产品精度上的变化评估需要一定时间的应用才能做出客观的评价。

2.4　多源协同陆表定量遥感产品生产系统

2.4.1　系统定位

多源协同定量遥感产品生产系统设计为可处理 CCD、TM、MODIS、MERSI、SE-VIRI 等十余种卫星遥感数据，其中，包括 30m、1km 和 5km 的可见光近红外数据，以及 60m、300m、1km 和 5km 的热红外数据，在后期的研究国产产品中可以集成更多的不同类型的遥感数据，壮大系统的数据处理能力；经过几何精校正、交叉辐射定标、大气校正和标准分幅处理后形成归一化、标准化的遥感数据产品。归一化和标准化后的数据产品经过系统集成的多源协同反演算法处理后最终生成辐射收支、植被、冰雪、水文、能量平衡五大类共 63 种定量遥感产品，最终支持森林、粮食、环境、矿产、河流 5 个行业应用（图 2.1）。在"十二五"863 重大项目支持下所研发的"多源协同定量遥感产品生产系统"只具备了辐射收支、植被结构与生长状态、冰雪及水热通量四大类共计 26 种产品的生产能力；相关的研究团队将在今后的研究中陆续加入更多类型的定量遥感产品。

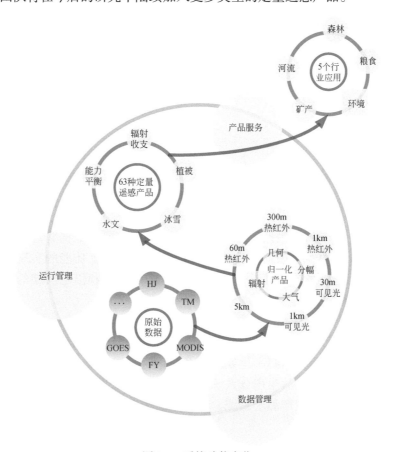

图 2.1　系统功能定位

2.4.2　总体设计思想与原则

1）设计思想

系统整体上采用自顶向下、低耦合、高内聚原则，将整个系统分为运行管理分系统、数据管理分系统、多源遥感数据归一化处理分系统、定量遥感产品生产分系统和产品服务分系统 5 个分系统。运行管理分系统主要负责订单的接收、解析、调度运行和监控及配置管理等；数据管理分系统主要负责管理系统中的数据，为产品生产提供数据保障；多源遥感数据归一化处理分系统负责对多源数据进行几何、辐射、大气和分幅处理，形成归一化、标准化的数据产品；定量遥感产品生产分系统负责进行 26 种定量产品的生产；产品服务分系统是产品分发的 Web 接口。

在系统开发上根据定量遥感产品体系对产品进行分级的思路，采用快速原型的方式进行系统设计，首先设计出一个系统框架，之后逐级集成各产品生产算法，直至最终完成。

2）设计原则

由于定量遥感产品生产系统涉及多家产品算法研发单位，各算法研发单位都以算法模型研究为主，算法的结构设计、运行效率等参差不齐，系统总体采用基于任务并行的策略来达到系统整体并行的效果，不对算法内部进行并行化；为达到一个产品生产算法崩溃不影响其他产品生产算法运行的目的地，采用可执行文件的方式集成全部产品生产算法。

2.4.3　系统结构与组成

1）系统结构

整个系统分为 3 层，分别是应用接口层、系统功能层、系统服务和资源层。应用接口层是本系统的对外服务窗口，用户在应用层进行订单任务生成，进行产品生产；系统功能层是定量遥感产品和多源遥感数据归一化产品生产模块，完成 26 种定量遥感产品和十余种归一化产品的生产；系统服务和资源层主要是数据管理、运行管理，以及计算、存储资源管理。其中，系统功能层是核心，是系统功能的实现；系统服务和资源层是基础，是完成系统功能的载体；接口是任务生成和信息反馈的窗口。系统整体架构如图 2.2 所示。

2）系统组成

多源数据库协同定量遥感产品生产系统由 5 个部分组成，包括运行管理分系统、数据管理分系统、多源遥感数据归一化处理分系统、定量遥感产品生产分系统、产品服务分系统。其中，定量遥感产品生产分系统又分为 5 个子系统，分别为辐射收支产品子系统、植被产品子系统、冰雪产品子系统、水文产品子系统、能量平衡产品子系统，如图 2.3 所示。

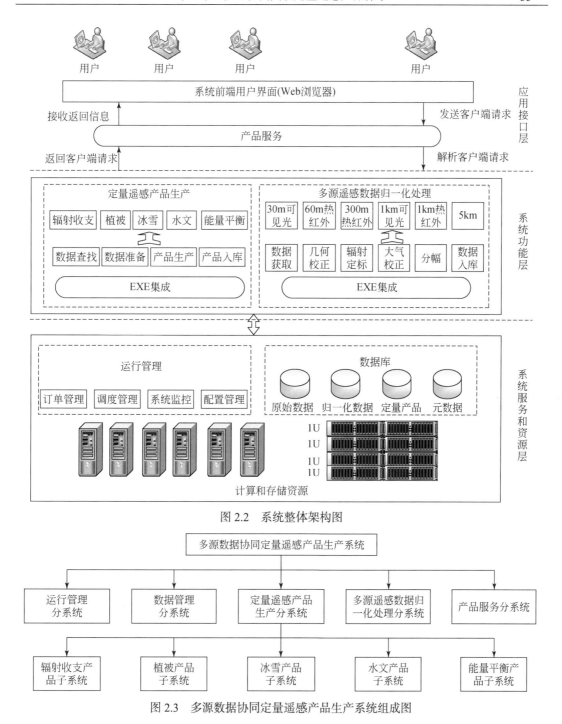

图 2.2　系统整体架构图

图 2.3　多源数据协同定量遥感产品生产系统组成图

2.4.4　系统流程设计

多源数据协同定量遥感产品生产系统根据用户需求进行定量遥感产品生产和归一化产

品处理准备。其中归一化产品处理在原始数据入库时自动开始，无需用户干预。定量遥感产品生产流程为：首先，用户在产品服务分系统端选择时间、区域和产品类型生成产品生产订单；其次，运行管理分系统接收订单，从数据库中获取定量产品生产知识，并进行订单解析，生成产品生产脚本，调度定量遥感产品生产分系统进行产品生产；再次，定量遥感产品生产分系统按运行脚本信息获取数据，进行数据准备和产品生产；最后，将生产的产品入库，整个过程由运管系统负责监控、调度和管理。系统流程如图2.4所示，其中，图2.4（a）为简化流程，图2.4（b）为详细流程。

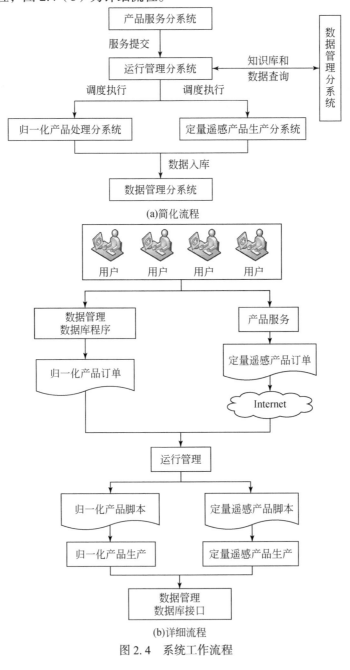

图 2.4　系统工作流程

2.4.5　系统接口设计

1）外部接口

系统外部接口如图 2.5 所示，其主要是人机交互的接口，共 3 个。分别是用户进行订单生成的接口和数据管理操作接口，以及数据导入入库的接口。

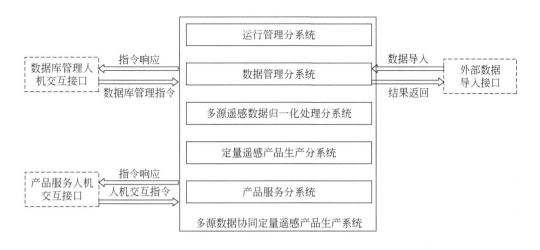

图 2.5　软件外部接口示意图

多源数据协同定量遥感产品生产系统外部接口见表 2.7。

表 2.7　外部接口表

序号	接口名称	项目唯一标识符	接口描述	发送／接收	备注
1	外部数据导入接口	I/F_MDQRPS_WBSJ_SI	外部原始图像数据、归一化产品数据、辅助数据导入	数据管理分系统	
2	数据库管理人机交互接口	I/F_MDQRPS_RJJH_DBM	完成数据库管理的相关人机交互操作	数据管理分系统	
3	产品服务人机交互接口	I/F_MDQRPS_RJJH_WEB	Web 端用户提交生产订单接口	产品服务端分系统	

2）内部接口

系统内部接口如图 2.6 所示，主要是系统内部各分系统之间的接口，共 7 组。

（1）产品服务分系统与数据管理分系统间的接口（表 2.8）。

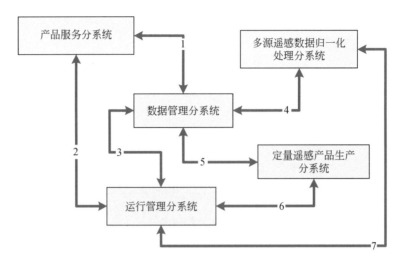

图 2.6　软件内部接口示意图

表 2.8　产品服务分系统与数据管理分系统间的接口

序号	接口名称	标识符	需求描述	接口交换方式	接口组成		
					实体种类	实体属性	接口类型
1	归档数据查询接口	I/F_ MDQRPS_WebS_DD_QUERY	从产品服务端查询归档的数据	文件交互	订单数据	XML 文本	文件发送
2	用户登录接口	I/F_ MDQRPS_WebS_USER_LOGIN	Web端用户登录	内存交互	登录用户名和密码	命令信息	用户登录
3	用户信息查询、修改	I/F_ MDQRPS_WebS_USERINFO_CXXG	用户信息查询和修改	内存交互	用户信息数据	命令信息	用户信息查询、修改

（2）产品服务分系统与运行管理分系统间的接口（表2.9）。

表 2.9　产品服务分系统与运行管理分系统间的接口

序号	接口名称	标识符	需求描述	接口交换方式	接口组成		
					实体种类	实体属性	接口类型
1	订单提交接口	I/F_ MDQRPS_WebS_DD_SUB	将生成的订单向运行管理系统提交	文件交互	订单数据	XML 文本	文件发送
2	订单接收接口	I/F_ MDQRPS_OM_DD_IN	运行管理分系统接收订单信息	文件交互	订单数据	XML 文本	文件入库
3	订单处理状态返回	I/F_ MDQRPS_OM_DDZT_RETURN	订单当前处理状态	内存交互	订单处理状态信息	命令信息	订单状态返回

（3）数据管理分系统与运行管理分系统间的接口（表2.10）。

表 2.10　数据管理分系统与运行管理分系统间的接口

序号	接口名称	标识符	需求描述	接口交换方式	接口组成		
					实体种类	实体属性	接口类型
1	归一化产品查询接口	I/F_ MDQRPS_DBM_SP_INQUIRY	根据订单信息按需进行归一化产品查询	内存交互	查询结果	查询信息	归一化产品库查询
2	定量产品查询接口	I/F_ MDQRPS_DBM_QP_INQUIRY	根据订单信息按需进行定量产品查询	内存交互	查询结果	查询信息	定量产品库查询
3	辅助信息查询接口	I/F_ MDQRPS_DBM_AI_INQUIRY	根据订单信息按需进行辅助信息查询	内存交互	查询结果	查询信息	辅助数据库查询
4	算法库查询接口	I/F_ MDQRPS_DBM_AL_INQUIRY	根据订单信息按需进行算法节点信息查询	内存交互	查询结果	查询信息	算法库查询

（4）数据管理分系统与定量遥感产品生产分系统间的接口（表 2.11）。

表 2.11　数据管理分系统与定量遥感产品生产分系统间的接口

序号	接口名称	标识符	需求描述	接口交换方式	接口组成		
					实体种类	实体属性	接口类型
1	归一化产品提取接口	I/F_ MDQRPS_DBM_SP_CO	根据生产订单提取生产所需归一化产品	文件交互	归一化产品	归一化产品数据	归一化产品从库中提出
2	定量产品提取接口	I/F_ MDQRPS_DBM_QP_CO	根据生产订单提取生产所需定量产品	文件交互	定量产品	定量产品数据	定量产品从库中提出
3	辅助信息提取接口	I/F_ MDQRPS_DBM_AI_CO	根据生产订单提取生产所需辅助信息	文件交互	辅助信息	辅助信息数据	辅助信息从库中提出
4	定量产品入库接口	I/F_ MDQRPS_DBM_QP_IN	将按照订单生成的定量产品入库	文件交互	定量产品数据	定量产品数据	定量产品入库

（5）数据管理分系统与多源遥感数据归一化处理分系统间的接口（表 2.12）。

表 2.12　数据管理分系统与多源遥感数据归一化处理分系统间的接口

序号	接口名称	标识符	需求描述	接口交换方式	接口组成		
					实体种类	实体属性	接口类型
1	归一化产品入库接口	I/F_ MDQRPS_DBM_QP_IN	将归一化产品入库	文件交互	归一化产品数据	归一化产品数据	归一化产品入库
2	原始准数据提取接口	I/F_ MDQRPS_DBM_ORIDATA_CO	根据用户选择查询和提取原始数据	文件交互	查询结果	查询结果	基准数据查询
3	基准数据提取接口	I/F_ MDQRPS_DBM_REDATA_CO	对基准数据提取处理	文件交互	基准数据	图像数据	基准数据出库

（6）运行管理分系统与定量遥感产品生产分系统间接口（表 2.13）。

表2.13　运行管理分系统与定量遥感产品生产分系统间的接口

序号	接口名称	标识符	需求描述	接口交换方式	接口组成		
					实体种类	实体属性	接口类型
1	算法流程调度接口	I/F_MDQRPS_OM_AL_WM	按照订单需求,对算法流程进行调度	内存命令交互	调度指令	调度信息	算法流程调度
2	流程运行监控接口	I/F_MDQRPS_OM_AL_OM	对算法流程运行状态进行监控	内存交互	运行状态信息	状态信息	状态查询

（7）运行管理分系统与多源遥感数据归一化处理分系统间的接口（表2.14）。

表2.14　运行管理分系统与多源遥感数据归一化处理分系统间的接口

序号	接口名称	标识符	需求描述	接口交换方式	接口组成		
					实体种类	实体属性	接口类型
1	预处理流程调度接口	I/F_MDQRPS_OM_PP_WM	对预处理流程进行调度	内存命令交互	调度指令	调度信息	预处理流程调度
2	流程运行监控接口	I/F_MDQRPS_OM_PP_OM	对预处理流程运行状态进行监控	内存交互	运行状态信息	状态信息	状态查询

2.4.6　系统运行环境与模式

系统采用以刀片机构成的集群为主体的高速处理设备,以满足PB级影像数据高速处理的需求;采用曙光星云磁盘阵列作为存储设备,并使用分区存储的方式,以满足超大容量的存储和快速访问的要求;集群内部采用InfiniBand网络,以满足数据传输的需要,集群与客户机之间采用千兆网络以满足用户响应的需要。图2.7给出了一个系统的运行的硬

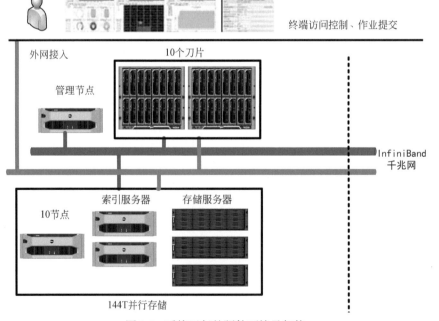

图2.7　系统运行的硬件环境及架构

件环境及架构示意图。

归一化数据产品采用数据驱动的方式，当原始数据进行入库时，自动启动归一化数据处理生产流程，生产归一化数据产品。

定量遥感产品生产通过产品服务分系统生成订单，驱动后台进行定量遥感产品自动生产。

2.4.7　系统部署结构

系统的部署结构如图 2.8 所示，该系统可以实现分布式部署，将不同的组件部署在不同的工作地点，数据解析服务器、数据库服务器和产品生产客户端部署于中国科学院遥感与数字地球研究所（简称遥感地球所）奥运园区，计算服务器部署于中国科学院网络中心。

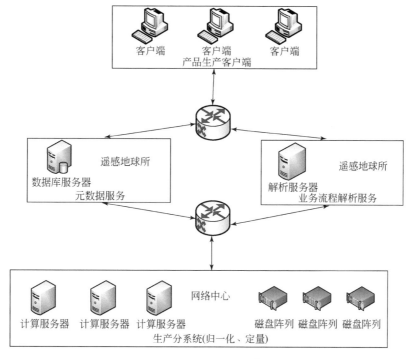

图 2.8　系统的部署结构

参 考 文 献

Allison L J, Neil E A. 1962. Final Report on the TIROS 1 Meteorological Satellite System. NASA Technical Report R-131, Goddard Space Flight Center, Greenbelt, Md.

Fensholt R, Proud S. 2012. Evaluation of Earth Observation based global long term vegetation trends- Comparing GIMMS and MODIS global NDVI time series. Remote Sensing of Environment, 119(1): 131-147.

Fomferra N, Brockmann C. 2005. BEAM - The ENVISAT MERIS and AATSR toolbox//Proc of the MERIS (A) ATSR Workshop 2005, Frascati, Italy, 1-3.

Huang H, Zhou Y, Pan D, et al. 2008. The second Chinese ocean color satellite HY-1B and future plans. Proc SPIE 7150:71501N.

Pan D, He X, Zhu Q. 2004. In-orbit cross-calibration of HY-1A satellite sensor COCTS. Chinese Sci Bull, 49 (23):2521-2526.

Zhong B, Ma P, Nie A, et al. 2014. Land cover mapping using time series HJ-1/CCD data. Science China Earth Sciences, 57(8):1790-1799.

第3章　多源遥感数据及定量产品
与数据管理系统

定量遥感产品生产系统中涉及了多源遥感数据和从数据经过归一化处理后生产的标准数据产品、定量遥感产品、辅助数据处理和产品生产的其他数据、系统运行过程中形成的过程控制信息等不同类型、不同格式、不同量级的数据集。这些数据集是整个系统的关键，因此，有效地组织和管理这些数据，控制系统的数据流就成为该系统实现与系统运行的关键。多源遥感数据与数据管理系统分为 3 个方面的内容：系统中涉及数据特点及其应对策略、数据库设计与实现，以及数据管理系统设计与实现。其中数据是多源协同定量遥感产品生产系统的基础，数据库是多源数据协同定量遥感产品生产系统的元数据服务器，数据管理系统提供数据的存储维护功能。

3.1　系统中涉及的数据特点及其应对策略

随着对地观测技术的发展，遥感数据获取变得越来越容易。在全球尺度长时间序列遥感监测需求的推动下，遥感应用向着多源的方向发展，大型遥感应用平台的建立，使遥感数据的处理量越来越大，不能用单机模式来生产大范围或全球的遥感产品，需要设计流程化自动化的遥感产品生产系统（王桥，2010；柳钦火等，2011；贺广均等，2012；Zhao et al.，2013）。多源遥感数据来自不同的卫星中心和不同的传感器，并且遥感数据格式缺乏统一标准，解决数据一致无差别读写问题是全球或大区域的多源遥感数据协同处理系统的迫切需要。

传统的实验或单机模式大多使用高级语言，如 Matlab、IDL 进行算法设计和验证，一条语句就可以读取所需数据。然而在大型的流程化自动化生产系统中，为兼顾效率、可移植性和系统平台的整体考量，要求算法使用计算机中低级语言编写，这样多源遥感数据的读取是摆在遥感科学研究人员面前的一道难题。由于缺乏统一标准，不同的传感器，其数据有不同的文件格式，甚至同一传感器，其来源不同，其文件格式也略有差异（如 NASA 和中国气象局的 MOD02 数据），导致遥感科学家想获取格式文件中的数据，还需了解各种不同文件的格式，这样将使其不能集中精力于遥感科学研究层面，无疑是对遥感科学发展的阻碍。

目前，有很多关于遥感数据格式读写的研究，大多数都基于 GDAL(Geospatial Data Abstraction Library, 2014)库来设计和实现(刘昌明和陈荤，2011；赵岩等，2012；余盼盼等，

2010；查东平等，2013；孟婵媛等，2012；张宏伟等，2012），也有一些针对 GDAL 库进行数据格式扩展的研究（郜风国等，2012；王亚楠等，2012），但基于 GDAL 框架不能从根本上解决不同数据格式的统一读写问题。例如，遥感数据格式读写涉及的库主要有 HDF5(Hierarchical Data Format, 2014) 和 GDAL，两者划分层次不一样，HDF5 按图像、组、数据集的模式划分，GDAL 按图像、数据集、波段的模式划分。其中，HDF5 没有波段的概念，GDAL 没有组的概念，因此，使用 GDAL 框架来解析 HDF5 格式数据，其流程必然与其他遥感数据格式不同，而且目前 GDAL 不支持 HDF5 文件的创建。虽然 GDAL 库在当前遥感领域的应用最为广泛，但是 HDF5 文件在存储和处理科学数据集时有很多优点（Folk et al.，1999），特别是在并行处理和高性能处理方面，如 HDF5 的数据选择策略与 MPI-IO 的结合调优（Yang and Koziol，2006），以及 HDF5 与 MPI、硬件平台的结合调优（Soumagne et al.，2010；de la Cruza et al.，2011）。

特别地，遥感科学家在进行遥感应用算法设计和产品生产时只关心自己想得到的数据，不关心任何数据文件格式的复杂定义。如果有一个库能解决各种不同遥感数据格式的数据统一读取问题，并且可以对遥感科学研究人员屏蔽数据格式的底层细节，这无疑将遥感科学研究人员从复杂的格式中解放出来，回归遥感科学研究本身。

3.1.1 常见的遥感数据格式与格式库

当前遥感数据格式比较常见的有 GeoTIFF、HDF，以及 NOAA 的裸数据格式 NOAA AVHRR 1B，其对应的格式库分别为 GDAL、HDF 库和 NOAA 的官方格式文档。多源数据协同定量遥感使用的遥感数据分辨率主要是 30m、1km 和 5km，其数据源主要有 HJ 卫星系列、Landsat 系列、MODIS 系列、NOAA 系列和静止卫星等。

1）GeoTIFF 格式和 GDAL 库

GeoTIFF 格式是遥感领域应用最为广泛的栅格图像格式（陈端伟等，2006），是一种包含地理信息的 TIFF 格式，支持单个大于 2GB 的文件，支持文件压缩等功能。GDAL 由 Open Source Geospatial Foundation 支持开发，专门针对栅格数据进行读写、采样、投影变换等的开源库。GDAL 还包含一个单独的 OGR 库，用于矢量数据的操作。GDAL 的核心是一个抽象数据模型 Dataset，所有栅格数据的操作都是针对这个抽象数据模型进行的。GDAL 的主要优点是：①开源并且使用 C/C++ 语言编写，具有很好的跨平台性。②对于新增数据格式的支持，官方有很好的示例，数据文件格式扩展性强。③支持大多数遥感栅格和矢量数据格式的读写，特别是一些商业软件，也是用 GDAL 作为底层数据格式库。但其缺点是，不支持应用越来越广泛的 HDF5 文件创建操作。

2）HDF 格式和 HDF 库

HDF 格式分为 HDF4 和 HDF5 两种，有对应数据读写库 HDF4 和 HDF5，它们都是由 NCSA 公司支持开发的。HDF4 是早期的 HDF 格式，但有一些存储上的限制（如文件大小不能超过 2GB，对数据集的个数也有限制），所以后来对 HDF4 进行了扩展，产生了 HDF5。根据 HDF 官方公告，将不再为 HDF4 格式增加新的特征，建议用户转到 HDF5 库以获得改进的性能和特征。NCSA 官方对 HDF5 的描述为：一种文件格式、可以管理任何类型的数据；一种软件、存取这种文件格式数据的库和工具；特别适合于大而复杂的数据；与平台无关；开源并且免费；支持 C, F90, C++, Java APIs。

3）NOAA AVHRR 1B 格式

NOAA AVHRR 1B 格式属于一种自定义格式，其与传统影像数据格式最大的区别是数据区域在影像中间，根据 GDAL 的官方说明，该格式本可以由 GDAL 库进行读取，但由于数据获取的途径很多，国内大部分 NOAA AVHRR 数据都来自于中国气象局，其改变了原始数据的字节顺序，导致 GDAL 无法进行读取。中国气象局发布了 NOAA AVHRR 1B 数据的官方文档说明，用户只需要按照文档获取每个属性和数据集的偏移、数据长度、字节序就可以完成对应数据的读取。但没有针对该格式的通用数据格式读写库，在工程应用中颇为不便。

4）几种主要的数据源

目前遥感应用按分辨率不同，其主要的数据源分别是 30m 的 HJ-CCD 和 Landsat TM；1km 的 MODIS-Terra/Aqua 和 NOAA AVHRR；5 km 的静止卫星等。从下述分析中可以看出，不同的数据都有其自身的特点，导致其选择不同的数据存储格式。

HJ-CCD 和 Landsat TM 数据：HJ-CCD 和 TM 传感器的文件格式基本都是 GeoTIFF，每个 GeoTIFF 文件存储一个波段，每个文件各自带有投影信息，另外，用文本文件记录角度信息，用 XML 文件记录附加元数据信息。此外，Landsat TM 还存在不同波段其分辨率不一致的情形，如 ETM 第 6 波段与其他波段分辨率不同，这也是导致数据分波段存储的一个原因，因为 GeoTIFF 无法存储尺寸不一致的数据。

MODIS 和静止卫星数据：MODIS 和静止卫星（如 FY-2E、MSG、GOES 等）传感器的文件格式基本上都是 HDF5，或可使用 HDF5 库进行读取的格式。HDF5 文件的特点是属性和数据集特别多，数量上没有限制。每个数据集和属性都是自描述的，同一文件支持不同尺寸的数据集。对于数据为 HDF4 格式的，使用官方工具 H4toh5 转换为 HDF5 后，使用 HDF5 库进行解析。

NOAA AVHRR 数据：该数据来源于中国气象局，与标准的 NOAA AVHRR 数据格式不一致，特别是数据字节序小端模式，导致常规的图像处理软件无法打开。

3.1.2　多源遥感数据统一格式抽象库

为解决多源遥感数据的统一读取，解放遥感生产力，让遥感科学工作者回归遥感科学研究本身，李宏益等人于 2016 年设计了多源遥感数据统一格式抽象库（data format abstract library，DFAL），下面详细介绍 DFAL 的设计目标与原则、支持的数据格式、功能组成与实现，以及 DFAL 的可扩性支持。

1）设计目标与原则

多源遥感数据格式抽象库的设计目标是解决多源遥感数据的统一读写问题，并且能够让遥感科学研究人员方便使用，因此，需要遵循以下设计原则。

统一性原则：对于不同的数据文件格式，为用户呈现统一的数据操作接口，即用户在使用 DFAL 库时无需关心数据文件格式的具体类型，对于不同的数据文件格式，都使用统一的接口进行数据读写、创建等操作。

易用性原则：HDF5 库函数多，应用复杂，GDAL 在数据读取上简单易用，但不能实现不同数据格式的统一去读。DFAL 为用户屏蔽一些细节，对数据读写功能进行了抽象，并且遵照 GDAL 的接口形式，实现数据读写的基本功能，以能满足日常应用和工程需求为限。将 HDF5、NOAA AVHRR 1B 和由 GDAL 支持的各种文件格式集成于一体，用户无需了解每类文件格式的详细信息，只需要将注意力集中在数据上，可更快、更方便地编写遥感应用程序，从繁琐的遥感数据格式读写中解放出来。

2）支持的数据格式

文件格式：DFAL 通过对 HDF5 库和 GDAL 库进行集成，并扩展对 NOAA AVHRR 1B 文件格式的支持。支持的文件格式包含原来 GDAL 支持的全部文件格式，以及 HDF5 格式和中国气象局的 NOAA AVHRR 1B 格式。

数据类型：DFAL 支持的数据类型包含 Int8、UInt8、Int6、UInt16、Int32、UInt32、Float32、Float64、CHAR 9 种。

读写模式：DFAL 支持的读写模式包含 Create、ReadOnly、ReadWrite、Truncated 4 种。

3）功能设计与实现

DFAL 为了实现不同数据格式的统一读写，首先对数据进行了抽象，分为 4 个层次：图像（文件）、组、数据集、属性。4 层抽象结构基本满足了遥感数据的存储格式体系，可以对不同格式中的数据实体对象进行抽象和封装。

DFAL 对不同的遥感数据格式实现了统一的接口和数据读取流程，采用工厂模式来装配不同的数据格式，在 DFAL 库内部用工厂类 DFALFactory 根据用户的读写请求产生不同数据格式的实例对象。

针对 4 层抽象结构分别定义与之对应的 4 个接口：IDFALImage、IDFALGroup、ID-FALDataSet、IDFALAttribute。此外，为方便将来的扩展，定义一个公共的基类 CDFAL；为不同的遥感数据格式可以复用共同的函数接口，定义 4 个公共基类 DFALImage、DFAL-Group、DFALDataSet、DFALAttribute，都分别继承于对应的 4 个接口和 CDFAL 类，各种数据格式都派生出自己的实现类，各种数据格式特有的功能在派生类中实现。

DFAL 的类关系如图 3.1 所示，由工厂类对象产生的针对具体数据格式的操作接口实则都是 DFALImage、DFALGroup、DFALDataSet、DFALAttribute 4 个基类。为实现图像读写的层次性结构和统一的接口，4 个基类的定义和功能实现如下。

DFALImage 是图像类，记录文件的基本信息。图像类的成员函数主要是组和数据集，属性的创建和获取，以及图像文件之间的挂载和解挂等。成员变量包含组、数据集、属性数量、文件大小、存取模式等。

DFALGroup 是组类，是数据集和属性的包装类，对于 HDF5 格式，组类与 HDF5 库的定义一致，对于使用 GDAL 的用户，组等同于在图像和数据集之间加了一个虚拟层。该类不进行数据读写，只是一个容器，与操作系统中文件夹的功能类似。组类的成员函数主要是组和数据集及属性的创建和获取，直接读写属性函数等。成员变量主要是组、数据

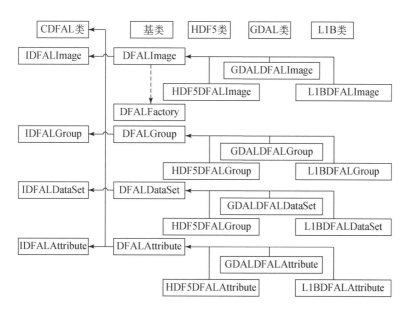

图 3.1　DFAL 类关系图

集、属性的个数信息。

　　DFALDataSet 是数据集类，影像数据实际存放地，该数据集与 HDF5、GDAL 中的数据集一致。数据集类的成员函数主要是数据读写函数，创建和获取属性对象函数，以及直接读写属性函数等。成员变量主要是数据集的维数和数据类型等信息。

　　DFALAttribute 是属性类，对于 HDF5 格式，属性的定义与 HDF5 库的定义一致。属性的获取实现了 HDF5 将属性作为对象的获取模式和 GDAL 的直接获取模式两种。属性类的成员函数主要是属性数据读写函数。成员变量主要是数据维数和数据类型信息。

　　此外，针对 HDF5 文件内部组、数据集和属性众多，嵌套层次深的特点，DFAL 库提供了特殊的供递归调用的接口。通过这些接口首先可以得到图像、组、数据集下对应的组、数据集、属性对象的数量；然后根据得到的对象编号获取相应的标识字符串，并根据标识字符串判断该对象是否存在；最后通过标识字符串得到对象（组 / 数据集 / 属性）的句柄。该接口主要为了方便工程应用，使用户无需机械地拷贝大量重复的代码，对于一个文件的读写只需要递归操作就能完成。

　　4 ）　可扩展性支持

　　可扩展性支持主要是对遥感图像处理格式的扩展支持，DFAL 格式体系设计从上到下的抽象依次是图像、组、数据集、属性。将来需要扩展支持新的数据格式时，每增加一类数据格式，只需要分别集成于 4 个抽象层次的对应类，并根据新增数据格式的特点决定是否需要重载对应的接口函数。经过上述环节就将新增数据格式添加到 DFAL 库中，实现新增数据格式与已有数据格式的统一存取。

3.1.3 多源遥感数据格式抽象库的应用工具

多源遥感数据统一格式抽象库在系统内可以解决多种遥感数据格式的统一存取问题，但目前是多种遥感数据处理系统并存。为解决跨遥感数据处理平台和用户实际需求，基于 DFAL，设计和实现两个通用的遥感数据格式互相转换的工具：GeoTIFF 转 HDF5 格式和 HDF5 转 GeoTIFF 格式。GeoTIFF 转 HDF5 格式用于 GeoTIFF 格式的数据进入到多源数据协同定量遥感产品生产系统；HDF5 转 GeoTIFF 格式用于解决当前一些商业软件，如 ENVI 等不支持 HDF5 或 HDF5 压缩格式的情形。

1）GeoTIFF 转 HDF5

以 GeoTIFF 格式存储的遥感图像，文件中主要包含栅格影像和投影信息，在进行格式转换时，将 GeoTIFF 的每个波段作为一个数据集存储，投影信息作为属性存储在 HDF5 的属性中。

图 3.2 显示了通过 GeoTIFF 转 HDF5 工具转换一景 TM 图像的实例，原 TM 图像中只包含一个波段和投影信息（图 3.2 左边），转换后的 HDF5 文件（图 3.2 右边）只有一个组，一个数据集 DataSet_1，以及两个属性信息 ProjectionStr（投影字符串）和 ProjectionPara（投影参数）。

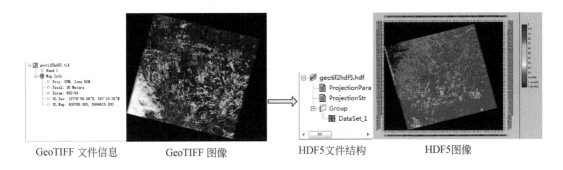

GeoTIFF 文件信息　　GeoTIFF 图像　　HDF5 文件结构　　HDF5 图像

图 3.2　TM 图像的 GeoTIFF 格式转换到 HDF5 格式

2）HDF5 转 GeoTIFF

HDF5 是自描述的，以 HDF5 格式存储的遥感图像大多包含大量属性信息。对于 HDF5 中的不同数据集，容许其有不同尺寸，在 HDF5 格式的文件转为 GeoTIFF 文件时，需要将 HDF5 中不同数据集单独保存为一个 GeoTIFF 文件，属性信息都以 GDAL 元数据的形式保存。图 3.3 是一景 HDF5 格式的 HJ-CCD 归一化产品转换成 GeoTIFF 格式的示意图，HJ-CCD 归一化产品共 3 个组 12 个数据集，分别转换成 12 个 GeoTIFF 文件，并为每一个 GeoTIFF 文件都保留投影信息。

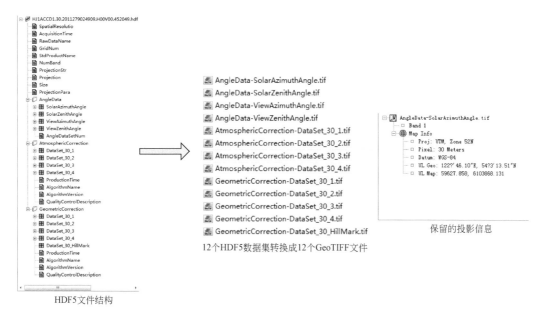

HDF5文件结构

12个HDF5数据集转换成12个GeoTIFF文件

保留的投影信息

图 3.3 HJ-CCD 标准产品 HDF5 格式转换到 GeoTIFF 格式

3.2 数据库设计与实现

数据库主要用于管理多源数据协同定量遥感产品系统的元数据，主要内容有数据库的逻辑结构划分、重要的数据库表设计、数据库的实现三部分。数据库的逻辑结构划分是根据数据库中管理数据的相关性与可区分性，对数据库的逻辑结构进行拆分，以便于数据库设计和实现；重要的数据库表设计给出了系统中关键的元数据库表的设计与定义；数据库的实现是数据库表和逻辑结构的实例化。

3.2.1 数据库逻辑结构划分

根据数据之间的相关关系，将数据库中管理的数据划分为原始数据、归一化产品数据（标准数据）、定量遥感产品数据、辅助数据四大类数据空间（图 3.4）。划分后可以保证数据空间内的数据高度关联，数据空间之间的数据关联程度低。4 个数据空间是有机联系在一起的，原始数据是归一化产品数据的输入；归一化产品是定量产品的输入；辅助数据则辅助从数据处理到产品生产中各个环节需要的其他数据。

原始数据库空间：原始数据库空间根据数据的入库、删除、转存备份又划分为对应的三类。原始数据入库空间

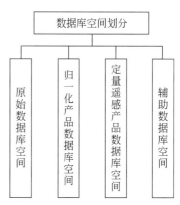

图 3.4 数据库空间划分关系

包含原始数据记录、原始数据入库记录和预处理的临时数据记录；原始数据删除空间包含原始数据的删除记录；原始数据转存备份空间包含原始数据转存备份记录。其中原始数据记录信息又按传感器不同分别进行存储。

归一化产品数据库空间：归一化产品数据库空间根据数据的入库、删除、转存备份又划分为对应的三类。归一化产品数据入库空间包含归一化产品的生产入库记录、导入入库记录和归一化产品的基础数据；归一化产品数据删除空间包含归一化产品的删除记录；归一化产品数据转存备份空间包含归一化产品转存备份记录。其中，归一化产品的导入记录和入库记录信息分别按传感器进行分开存储。

定量遥感产品数据库空间：定量遥感产品空间根据数据入库、删除、转存备份和算法信息划分为对应的四类。定量遥感产品入库空间包含定量遥感产品的生产入库记录、导入入库记录和定量遥感产品的基础数据；定量遥感产品删除空间包含定量遥感产品的删除记录；定量遥感产品转存备份空间包含定量遥感产品转存备份记录；定量遥感产品算法信息空间包含算法基本信息、算法输入参数信息、算法流程节点信息等。其中定量遥感产品的导入记录和入库记录信息分别按区域、全球和产品类型的不同分开存储。

辅助数据库空间：辅助数据空间负责存储定量遥感产品生产过程中不能进行标准分幅的数据；几何校正用到的基准数据；用户数据，如用户账户、订单信息等；数据描述信息，如数据剖分规则介绍、传感器信息介绍等。

3.2.2　重要的数据库表设计

本系统涉及的数据实体主要有原始遥感数据、归一化产品、定量遥感产品和算法信息四大类，表 3.1~ 表 3.9 主要描述原始遥感数据类型表、原始遥感数据表、归一化产品类型表、归一化产品表、定量遥感产品类型表、定量遥感产品表、定量反演算法描述表、定量反演算法输入输出表、定量反演算法流程表 9 个重要数据实体的表结构。

表 3.1　原始遥感数据类型表

序号	字段名	字段类型	长度	是否主键	允许为空	默认值
1	原始数据类型编码	INTEGER		Y	N	
2	原始数据类型名称	CHAR	50	N	N	
3	原始数据空间分辨率	INTEGER		N	N	
4	仪器平台	CHAR	50	N	N	
5	测量高度	DOUBLE		N	N	
6	移动速度	DOUBLE		N	N	
7	发射时间	DATETIME		N	N	
8	平台参数	CHAR	100	N	N	

序号	字段名	字段类型	长度	是否主键	允许为空	默认值
9	数据存储格式	CHAR	8	N	N	
10	波段数	INTEGER		N	N	
11	幅宽	DOUBLE		N	N	
12	重访周期	DOUBLE		N	N	
13	预处理流程	INTEGER		N	N	
14	预处理保留规则	INTEGER		N	N	

表 3.2　原始遥感数据表

序号	字段名	字段类型	长度	是否主键	允许为空	默认值
1	原始数据编码	LONG		Y	N	
2	数据名称	CHAR	50	N	N	
3	数据获取日期	DATETIME		N	N	
4	数据路径前缀	VARCHAR	250	N	N	
5	数据路径后缀	VARCHAR	250	N	N	
6	入库订单号	LONG		N	N	
7	删除标志	BIT		N	N	
8	删除订单号	LONG		N	Y	0
9	备份标志	BIT		N	N	
10	备份订单号	LONG		N	Y	0
11	原始数据类型编码	INTEGER		N	N	

表 3.3　归一化产品类型表

序号	字段名	字段类型	长度	是否主键	允许为空	默认值
1	归一化产品类型编码	INTEGER		Y	N	
2	归一化产品类型名称	CHAR	50	N	N	
3	归一化产品伸缩比率	DOUBLE		N	N	
4	归一化产品空间分辨率	INTEGER		N	N	1
5	归一化产品行数	INTEGER		N	N	
6	归一化产品列数	INTEGER		N	N	
7	归一化产品波段数	INTEGER		N	N	
8	归一化产品数据类型	CHAR	10	N	N	

序号	字段名	字段类型	长度	是否主键	允许为空	默认值
9	角度数据采样率	INTEGER		N	N	
10	角度数据伸缩比率	DOUBLE		N	N	
11	投影方式	CHAR	50	N	N	
12	网格类型	INTEGER		N	N	

表 3.4 归一化产品表

序号	字段名	字段类型	长度	是否主键	允许为空	默认值
1	归一化产品编码	LONG		Y	N	
2	归一化产品名称	CHAR	50	N	N	
3	归一化产品生产日期	DATETIME		N	N	0
4	归一化产品原始日期	DATETIME		N	N	
5	归一化产品路径前缀	VARCHAR	250	N	N	
6	归一化产品路径后缀	VARCHAR	250	N	N	
7	归一化产品入库标识	BIT		N	N	
8	归一化产品入库订单号	LONG		N	N	
9	归一化产品删除标志	BIT		N	N	
10	归一化产品删除订单号	LONG		N	Y	0
11	归一化产品备份标志	BIT		N	N	
12	归一化产品备份订单号	LONG		N	Y	0
13	网格编号	CHAR	9	N	N	
14	归一化产品类型编码	INTEGER		N	N	

表 3.5 定量遥感产品类型表

序号	字段名	字段类型	长度	是否主键	允许为空	默认值
1	定量产品类型编码	INTEGER		Y	N	
2	定量产品类型名称	CHAR	50	N	N	
3	定量产品空间分辨率	INTEGER		N	N	0
4	定量产品描述	VARCHAR	1000	N	N	
5	分幅类型编号	INTEGER		N	N	
6	定量产品算法编码	INTEGER		N	Y	

表 3.6　定量遥感产品表

序号	字段名	字段类型	长度	是否主键	允许为空	默认值
1	定量产品编码	LONG		Y	N	
2	定量产品名称	CHAR	50	N	N	
3	定量产品生产日期	DATETIME		N	N	0
4	定量产品原始日期	DATETIME		N	N	
5	定量产品路径前缀	VARCHAR	250	N	N	
6	定量产品路径后缀	VARCHAR	250	N	N	
7	定量产品入库标识	BIT		N	N	
8	定量产品入库订单号	LONG		N	N	
9	定量产品删除标志	BIT		N	N	
10	定量产品删除订单号	LONG		N	Y	0
11	定量产品备份标志	BIT		N	N	
12	定量产品备份订单号	LONG		N	Y	0
13	网格编号	CHAR	9	N	N	
14	定量遥感产品类型编码	INTEGER		N	N	

表 3.7　定量反演算法描述表

序号	字段名	字段类型	长度	是否主键	允许为空	默认值
1	定量反演算法编码	LONG		Y	N	
2	定量反演算法名称	CHAR	50	N	N	
3	定量反演算法描述	VARCHAR	1024	N	N	0
4	输入参数个数	INTEGER		N	N	
5	流程节点个数	INTEGER		N	N	
6	算法 EXE 存放路径前缀	VARCHAR	250	N	N	
7	算法 EXE 存放路径后缀	VARCHAR	250	N	N	
8	算法 EXE 文件名	CHAR	20	N	N	
9	算法版本号	BIT		N	N	

表 3.8　定量反演算法输入输出表

序号	字段名	字段类型	长度	是否主键	允许为空	默认值
1	定量反演算法编码	LONG		Y	N	
2	参数顺序号	LONG	50	N	N	

序号	字段名	字段类型	长度	是否主键	允许为空	默认值
3	参数描述	VARCHAR	1024	N	N	
4	参数来源数据库表名	CHAR	50	N	N	
5	参数来源数据库列名	CHAR	50	N	N	
6	参数是否是节点	BIT		N	N	
7	参数属于第几个节点	INTEGER		N	N	

表 3.9　定量反演算法流程表

序号	字段名	字段类型	长度	是否主键	允许为空	默认值
1	节点顺序号	LONG		Y	N	
2	定量反演算法编码	LONG	50	N	N	
3	节点描述	VARCHAR	1024	N	N	0
4	节点波段数	INTEGER		N	N	
5	节点波段编号	VARCHAR	200	N	N	
6	节点来源数据库表名	CHAR	50	N	N	
7	节点来源数据库列名	BIT		N	N	
8	节点列对应的键值	CHAR	50	N	N	
9	节点的算法模块名	LONG		N	N	

3.2.3　数据库实现

多源数据协同定量遥感产品生产系统的数据库设计作为一个完备且具有统一行为模式的数据与产品体系是系统设计的基础。以本系统为例，涉及的数据一共分为四大类，分别为原始数据 (RawData)、归一化产品 (StandardProduct)、定量产品 (QuantitativeProduct) 和辅助数据 (AuxiliaryData)。面对多样的数据和产品 (统称为数据)，最佳实践是能够用一致的方式对其进行操作 (包括移动、备份、寻址、相应数据库记录的增删改查、元数据描述)。实际上，虽然这些数据的文件格式、文件数量与命名规范都不尽相同，但是归根结底它们都对应着存在于磁盘上的文件实体，这就成了对其进行统一操作的出发点。我们将所有数据都抽象为数据实体 (DataEntity)，其中标准产品、定量产品和辅助数据根据不同的类别又被派生为具体的子类。这样一来，在共同的基类 DataEntity 中我们就可以定义数据操作公用的接口，并且把所有通用的操作统一实现，而特定类别的数据所独有的操作方式则在各自的子类中个别定义。图 3.5 展示了数据体系的继承关系。

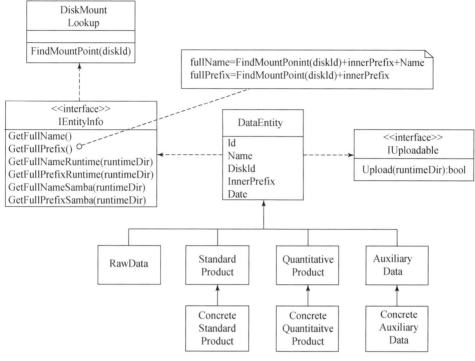

图 3.5　数据体系的领域模型

海量定量遥感产品的生产所涉及的数据规模很大，如本系统运行期间，每天都可能产出 TB 级的数据，长期运行就会累积 PB 级的数据，因此，如下 3 个问题必须被考虑：①数据会散布在不同磁盘上，磁盘随时可能增减。②计算平台和数据存储分离，数据要先从各自所在的磁盘上传到计算平台才能参与计算。③产品计算完成后要回传到指定的磁盘归档。这些都要求数据路径和磁盘的映射关系要足够灵活且动态更新。

为了应对这一需求，我们提炼出了两个重要的接口 IEntityInfo 和 IUploadable。IUploadable 接口定义了数据上传的方法，遵循了设计模式中的组合模式 (Gamma et al.，1994)，继承自 DataEntity 的单个数据实体天然地继承了基类的 Upload 方法，产品生产过程中涉及的各种数据原料的集合 (ConcretePlan 类) 也要实现 IUploadable 接口，其 Upload 方法内部调用了每一个所属的 DataEntity 的 Upload 方法，使得个体与集合都遵循相同的行为模式，便于开发人员无差别地调用。

IEntityInfo 接口定义了每一个数据实体的三种动态路径，所谓动态表示该路径不是固定的，会根据磁盘挂载点和其他相关配置文件的变化而做出相应的变化。

第一个路径是数据在存储平台的本地路径，该路径由三部分连接而成：所在磁盘当前的挂载目录 (可变)、系统内部存储目录 (InnerPrefix) 和数据文件名或文件夹名 (一个数据包含多个子文件)。每一块磁盘上的系统内部存储目录结构都是统一的，它是按照数据类型和数据日期逐级组织的，具体到天为止。InnerPrefix 是根据数据类型和日期自动生成的，作为属性记录在 DataEntity 对象和数据库中。

第二个路径是数据上传之后在计算平台的本地路径，这一路径是从计算节点来看数据所在的路径,是将要被写入生产脚本中的路径。每一个订单都会在计算平台上开辟一个独立的运行时文件夹 (RuntimeDir),订单相关的所有的数据原料都会被拷贝到此文件夹下,因此,该路径是由运行时文件夹的路径加上数据文件名组成的。

第三个路径是从存储平台来看数据在计算平台上的远程路径,这条路径和第二个路径实际上指向的是同一个位置,只不过是从存储平台来看的远程路径,而非计算平台本地路径。远程链接方式不同,该路径的具体组成也不相同,但大致上都是由以下三部分组成的:计算节点的 IP 地址、运行时文件夹路径和数据文件名。该路径是数据上传下载时使用的路径。

实现 IEntityInfo 接口意味着提供了组合出这三种动态路径的方法。

DiskMountLookup:磁盘挂载点查询服务类,根据磁盘固定编号即时查找磁盘当前的挂载目录。在存储平台上,每一块磁盘都有一个挂载点,即磁盘所对应的目录,考虑到磁盘的挂载点是允许即时变化的,所以系统提供了挂载点查询服务。DataEntity 中只记录了数据所在磁盘的固定编号,而不是磁盘所在的目录,因为无论磁盘是怎么挂载的,数据位于某一特定磁盘上的事实是不会改变的。

图 3.6 展示了部分辅助数据的数据库实例类:其中的核心是辅助数据类 BD_

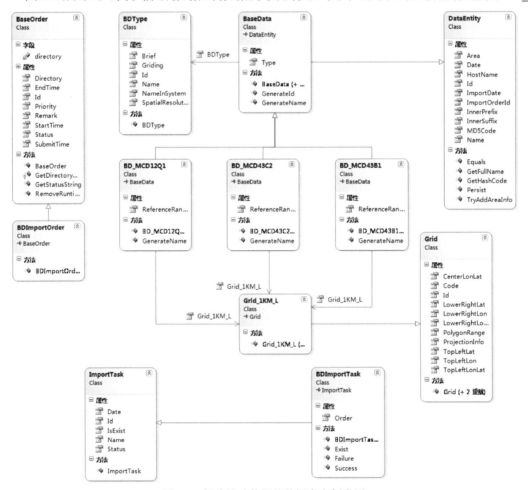

图 3.6   部分辅助数据的数据库实例类图

MCD12Q1、BD_MCD43C2、BD_MCD43B1，这 3 个辅助数据类分别都集成于基础数据类 BaseData；BaseData 类又集成于数据实体类 DataEntity，BaseData 类又参考了基础数据类 BDType；辅助数据类参考网格查找表类 Grid_1KM_L，Grid_1KM_L 集成于 Grid。此外，还有基础订单类 BaseOrder 和基础数据任务类 BDImportTask 的集成关系图。关于辅助数据的实体类，以及原始数据、归一化产品、定量遥感产品等不再详细列出其数据库类。

3.3　数据管理系统的设计与实现

数据管理系统的设计与实现主要包含数据存储剖分规则的设计、数据管理软件的设计与数据管理系统的实现。其中，数据存储剖分规则是遥感数据存储分景的基本单位，为多源遥感数据提供统一的数据分景标准，有利于多源数据的协同；数据管理软件的设计是对进入系统的元数据和数据实体进行管理，以及提供数据出入系统的接口。

3.3.1　数据存储剖分设计

为了方便多源多时相遥感数据的存储管理，对遥感栅格数据进行存储剖分规则设计，并按对应的规则进行数据剖分，见表 3.10：本系统结合数据分辨率和产品类型来进行剖分规则的设计，并参考现有 FY 卫星、MODIS 卫星、Landsat 全球数据的剖分情况。数据分辨率包含 30m、1km、5km 及 5km 以上四种。由于不需要使用原始数据进行多源协同，系统将不对原始数据进行剖分，因此，产品类型包含基准数据、归一化产品、定量遥感产品，其中，定量遥感产品按是否合成分为合成的定量遥感产品和非合成的定量遥感产品，极地定量遥感产品特指只包含 60°~90°N 和 60°~90°S 空间范围的定量遥感产品，极地标准产品特指只包含 60°~90°N 和 60°~90°S 空间范围的标准产品。

表 3.10　数据剖分类型表

序号	分辨率	剖分类型	对应数据	备注
1	30m	按景存储	30m 归一化产品 30m 非合成定量遥感产品	
		UTM 剖分	30m 几何基准数据	
		等经纬度剖分	30m 合成定量遥感产品	
2	1km	正弦剖分	1km 归一化产品 1km 定量遥感产品	
		极地剖分	1km 极地归一化产品 1km 极地定量遥感产品	
3	5km 及 5km 以上	按景存储	5km 归一化产品 5km 非合成的定量遥感产品	
		全球等经纬度	5km 及 5km 以上合成的定量遥感产品	

1）30m 分辨率的剖分设计

根据 30m 分辨率数据的来源、应用特点和数据的时间分辨率等情况，将 30m 分辨率数据剖分设计为按景存储、UTM 剖分和等经纬度剖分。例如，30m 的标准产品和 30m 非合成定量遥感产品，由于其数据的时间分辨率是瞬时的，无法与邻近景的数据进行合并，如果进行剖分将产生大量的碎片，因此，按原始景进行存储。30m 的几何基准数据，其来源就是 UTM 剖分的，并且系统中对该数据的应用仅仅是作为几何精校正时的底图使用，系统将不对其剖分规则进行修改。30m 的合成定量遥感产品是多源数据协同后生产的产品，无法与任何一种来源数据的分景策略吻合，且需要后续合成大区域甚至是全球的影像，因此，采用等经纬度剖分。

（1）按景存储。

30m 分辨率数据按景存储即与来源数据的分景标准及投影和基准面都一致，不做改变。

（2）UTM 剖分。

30m 分辨率 UTM 剖分示意图如图 3.7 所示，采用 WGS84 基准面的通用墨卡托投影（universal transverse mercator，UTM）投影，剖分覆盖范围为 80°S~80°N，80°~90°S 和 80°~90°N 不定义，相邻纬度带的纬度差固定为 5°。特别地，相邻带的经度差分为两种：60°S~60°N 经度差固定为 6°，与 UTM 分带对应；60°~80°S 和 60°~80°N 区域，经度差变为 12°，每带的中心经线与 UTM 偶数带的中心经线一致，而不是 UTM 的相邻两带正好对应该区域的一带。这样全球定义区域被分成 1680 个格网，其中，60°S~60°N 区域的格网数为 1440 个，60°~80°S 和 60°~80°N 区域的格网有 240 个。格网编号方式为南北纬分开编号，北纬以字母 N 开头，南纬以字母 S 开头，纬度方向从赤道到两级，分别从 0 开始，以 5 的倍数进行编码，对应起始纬线度数，经度方向与所使用的 UTM 中心线所在的带号一致。

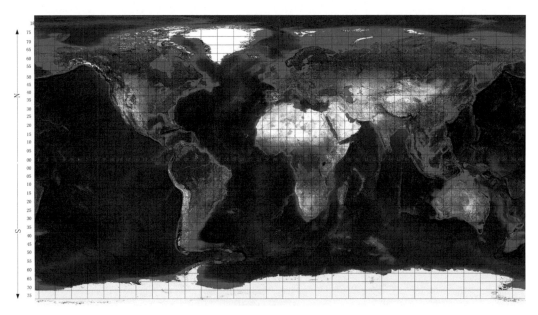

图 3.7　30m UTM 剖分示意图

（3）等经纬度剖分。

30m 分辨率的等经纬度剖分如图 3.8 所示，采用 WGS84 基准面的等经纬度投影，数据组织方式为南北向 5°分割，东西向 6°分割（6°分割与 UTM 分区一致），剖分覆盖范围为全球，编号范围为 H01V01~H60V36，全球分为 2160 个格网。编号规则是经度方向从 180°W 开始，自西向东，每隔 6°一个带，则 0°经线是经度方向 31 带的起始线；纬度方向从 90°N 开始，自北向南，每隔 5°一个带，则赤道是纬度方向 19 带的起始线。

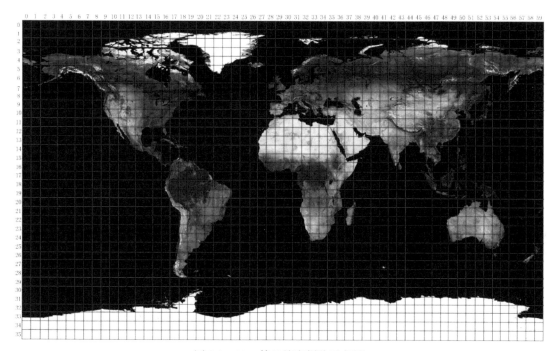

图 3.8　30m 等经纬度剖分示意图

2）1km 分辨率的剖分设计

根据 1km 分辨率数据的数据来源特点，并结合部分极地产品的精度要求，设计成两种剖分方式：全球正弦剖分和极地剖分。

1km 全球覆盖的数据按照正弦投影进行剖分，吻合其主要数据源 MODIS 的投影和剖分方式，1km 60°~90°S 和 60°~90°N 的数据又采用极地剖分是为了减少投影变形对数据的影响，因此，1km 60°~90°S 和 60°~90°N 的数据就存有两种剖分方式的副本。

（1）全球正弦剖分。

1km 分辨率数据全球正弦剖分示意图如图 3.9 所示，采用 WGS84 基准面的正弦投影，为将全球平均分成 36×18 个格网，并保证每个格网的像素数都是 1200×1200，实际正弦投影后数据的分辨率约为 926.625。这样全球被分成 648 个格网，其中，有效格网数为 460。格网编码方式以左上角（180°W，90°N）为原点，格网编号为 (0,0)，纬度方向自南向北依次增加，经度方式自西向东依次增加，右下角格网的编号为（17，35）。特别地，虽然格网数与 10°×10°的剖分一致，但正弦剖分由于其投影关系，与经纬度实际无对应关系。

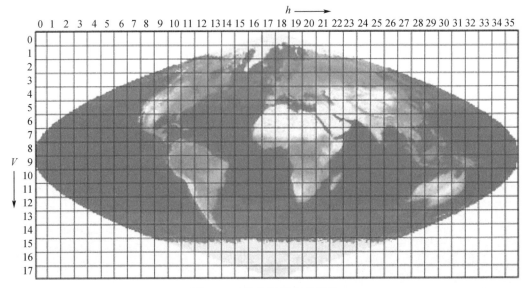

图 3.9　正弦投影剖分示意图

（2）极地剖分。

1km 分辨率数据极地剖分是采用 WGS84 基准面的极地方位投影，60°~90°S 和 60°~90°N 整个区域分别为一景影像，因此，极地地区一次覆盖需要两景数据，一景为 60°~90°N 区域，一景为 60°~90°S 区域。

3）5km 及 5km 以上分辨率的数据

5km 及 5km 以上分辨率的数据根据产品时间分辨率的特点，分为按景存储和全球等经纬度两种模式。由于在 5km 尺度下，一景全球覆盖数据的数据量也比较小，因此，对于 5km 和 5km 以上合成的定量遥感产品，采用全球一景的模式进行表达，而 5km 标准产品和 5km 非合成的定量遥感产品由于时间分辨率都是瞬时的，无法将全球数据合成为一景，如果采用更小幅宽的剖分会导致大量碎片，因此，直接按景存储。

（1）按景存储。

5km 分辨率数据按景存储方式与原始数据的传感器分景标准、投影、基准面全部一致，不做任务改变。

（2）全球等经纬度。

5km 及 5km 以上分辨率数据的全球等经纬度剖分将全球数据合成一景影像，一景数据的经纬度范围覆盖（-180,90）至（180,-90），采用等经纬度 /WGS84 投影。

3.3.2　数据管理软件设计

数据管理软件存储定量遥感产品系统的数据与信息，为系统的运行提供数据保障，将各系统在数据层面上连接成整体。数据管理软件存储系统处理过程中所有数据与产品；存储数据与产品之间的关系，为各模块处理形成顺畅的数据流；数据管理软件还对外提供共性产品查询、出库的接口。数据库管理模块的主要功能如图 3.10 所示，包含数据库接口、共性产品管理、辅助数据管理、流程管理、配置文件管理、用户管理、订单管理、磁盘文件管理。

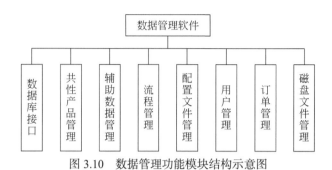

图 3.10　数据管理功能模块结构示意图

（1）数据库接口

数据库接口主要数据库提供给定量产品生产系统的数据获取和入库的接口，提供给运行管理系统的数据查询的接口、监控信息入库的接口等。

（2）产品管理

数据库管理程序对产品进行统一管理，对生产的产品进行入库、删除、查询、数据出库和数据备份等。

（3）辅助数据管理

对定量产品生产所需的外部辅助数据进行统一管理，包括辅助数据入库、删除、查询和数据备份等。

（4）流程管理

对流程库中的流程进行修改、删除和添加等操作。

（5）配置文件管理

记录数据库中的共性产品、辅助数据的相对路径的配置文件随数据的迁移、删除等操作需要修改、增加、删除。

（6）用户管理

基于系统的需求、数据的安全性、保密性的考虑会有不同的用户角色进行数据库操作，需要有管理员进行用户角色的分配和管理。

（7）订单管理

订单管理中的订单涉及两类，一类是共性产品生产订单；另一类是数据管理本身的订单，即数据管理都以订单的方式完成，做到有据可查。

（8）磁盘文件管理

数据库中只存储文件的记录信息，文件存放于磁盘上，磁盘文件管理包含管理规则的设计、实现。

数据管理软件的流程如图 3.11 所示，一切数据的查询、入库与管理都与数据库进行交互，产品的查询与入库指令是由运管接口传来的。

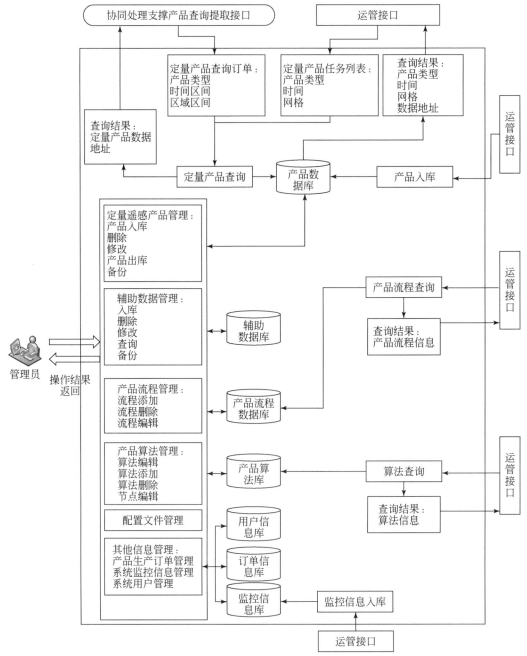

图 3.11　数据管理模块业务流程图

3.3.3　数据管理系统实现

数据管理系统是提供数据进入系统的接口，然后对数据进行管理。各种类型的数据进入系统，最关键的步骤是进行数据文件格式的解析，然后对解析后的元数据信息存入数据库。本节主要解析数据文件格式解析和元数据信息管理的实现，最后是数据管理系统的功能界面。

1）数据文件格式解析

遥感定量产品都是具有时效性的，每一个数据文件在进入系统之前，都需要从文件名或者文件的内容中解析出数据的日期。从外部进入系统的数据可能是各类传感器的原始数据、各种辅助数据，或者外来产品。一般来说，从文件名中基本都可以获得数据的日期，但文件名中的日期信息可能不够精确，如环境星原始数据的文件名中日期只精确到分钟，如果要获得精确到秒的日期则需要解压数据，并读取其中的 XML 元数据文件。如果要从文件名中解析出日期信息，那么文件名的命名必须是标准的，满足一定规律的。各类原始数据和外来产品的文件名本身都满足一定的命名规范，但是为了排除一些意外的文件名，同时能够让系统更加智能地在纷繁的目录中识别出那些需要的文件，我们需要对文件名进行筛查，在保证文件名的规范性同时剔除同一目录下不相关的文件。

要进入系统的数据总共可能有几十甚至上百种，每种数据文件的命名规则和内容结构一般都是不同的，因此，每一类数据都需要专门的业务逻辑来完成其日期解析和文件名检查工作。既然我们已经抽象出了日期解析和文件名检查这两个共有的功能需求，很自然地，我们将共有的方法提炼至基类，对于每一类具体的数据都派生出一个子类，重写覆盖基类的方法以实现专门的业务逻辑。这里采用基类而没有使用接口的原因是，基类对于文件名检查提供了一个共用的实现，即通过检查关键词和文件后缀的方式来对文件名进行简单的验证。在创建子类对象的过程中，我们选择了简单工厂模式加反射的机制，这样可以避免过多的判断语句，同时将选择生成哪一种子类的工作集中到一处。文件名解析业务的领域模型如图 3.12 所示。

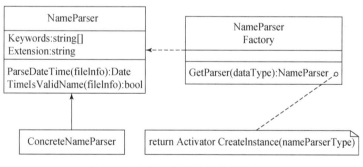

图 3.12　文件名解析业务的领域模型

NameParser：作为基类定义了日期解析和文件名检查两个功能函数的统一接口，并且为文件名检查提供了共用的简单实现版本。

ConcreteNameParser：针对某一类数据的具体的文件名解析器类。每一类要进入系统的数据都要实现自己的文件名解析器类，提供专门的业务逻辑。日期解析函数不限于对文件名的解析，也可以深入文件内容，一切以满足需要的日期精度为标准。

NameParserFactory：文件名解析器工厂类利用反射机制，通过数据类型在运行时动态地创建所需的 ConcreteNameParser。

上述领域模型可以使得编程人员只需要专注于业务逻辑的实现，每有一类新的数据，只需要实现相应的文件名解析器类即可。因为使用了工厂和反射机制，应用层的代码不需要进行任何改动即可自动兼容新的内容。这一领域模型同时也很自然地符合了现实生活中对象的交互方式，以及编程人员的心智模型，能够优雅地解决实际需求。图 3.13 展示了文件名解析的类图，与领域模型中的设计一致。

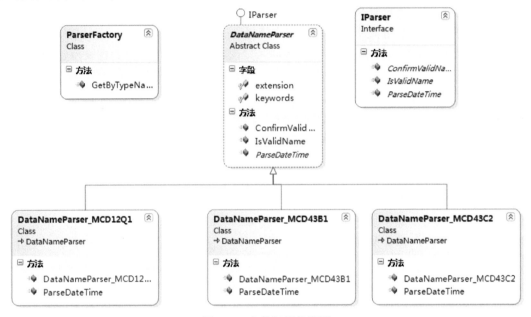

图 3.13　文件解析的类图

2）元数据库的管理

作为一个综合的定量遥感产品生产系统，而且要实现日常在线生产，不可避免地会涉及数据库的使用和维护。从领域模型的角度来看，数据库是领域对象的主要入口和出口。领域对象可以来自对数据库的对象关系映射（object relational mapping，ORM，将关系数据库的记录包装成类的对象实体）(Barry et al.， 1998；O'Neil et al.， 2008)，有的领域对象也需要被持久化到数据库中去。Repository 模式是领域驱动设计中所推荐的一种与数据库交互的模式。该模式封装了存储、读取和查找的逻辑，主要好处是将领域模型从应用层代码和数据访问层之间解耦出来，开发人员无需了解底层的数据库细节，通过 Repository 类提供的接口可以直接进行数据操作，就像是在操作内存中的一个对象集合一样。原则上每一个 Repository 负责一张数据库表。

Repository 模式是让开发人员聚焦于领域模型，而不是零散的功能代码的天然约束，因为如果你从数据库中拿到的就是一个个封装好的领域对象，那么你对这些对象的操作必然就是建立在领域模型之上的。本系统也设计并实现了一套有针对性的 Repository 模式，如图 3.14 所示。

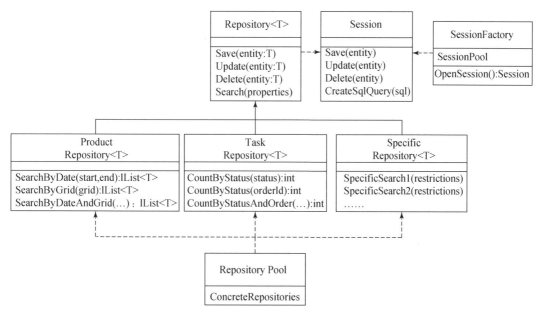

图 3.14　数据库仓储模式的领域模型

Session：数据库会话类是对数据库连接的进一步封装，提供了缓存和延迟加载等高级功能，提供了统一的基础增删改查操作接口。原则上对数据库表的所有操作都要通过 Session 来实现。

SessionFactory：数据库会话工厂类的主要职责就是创建数据库会话，在内部维护一个数据库连接池，基本上所有的 ORM 框架 (NHibernate，2014) 都会提供类似 Seesion 和 SessionFactory 的实现。

Repository<T>：泛型的仓储模式实现，T 代表所要管理的对象的类型，也即指定了所要操作的数据库表，该类实例负责相应的数据库表的基础增删改查操作。Repository<T> 内部包含了对 Session 的创建和使用。

ProductRepository<T>：在 Repository<T> 的基础上封装了专门为产品表和数据表定制的业务逻辑和查询方式，如指定日期和网格的查询等。

TaskRepository<T>：在 Repository<T> 的基础上封装了专门为各种任务表定制的业务逻辑和查询方式。例如，统计各种状态的任务的数量等。

SpecificRepository：除了产品和任务，其他的领域模型也可能需要特殊的数据库操作，如系统用户 User 需要权限设置等操作，虽然这些操作都可以用 Repository<T> 所提供的基础功能来搭建，但是应用层代码会比较冗杂，因此，可以专门实现一个 UserRepository 类，来封装对于 User 表的特殊的业务逻辑。注意这里的 SpecificRepository 不代表具体的一个类，而是代表一系列类。

RepositoryPool：顾名思义，这个类是每一个 Repository 类的一个实例的集合，是一系列全局静态对象的集合。常规的 Repository 模式在使用时一般需要在本地代码创建相关的 Repository 的实例，然后调用其方法。过于频繁地实例化各种 Repository 的操作会使应用层代码非常冗余拖沓，因此，这里我们将所有的 Repository 类在系统启动时统一实例化，并储存在全局范围，开发人员可以在代码的任何位置直接使用这些静态 Repository 对象，就像使用全局静态方法一样。这样一来应用层代码就会被大大简化，开发人员可以更加专注于应用层的业务逻辑，而不必担心与数据库的交互。使用全局静态对象的一个风险是对象长时间地驻留在内存中可能被损坏而且没有机会被重建，但因为 Repository 对象实际上只包含对方法的封装，而没有维护任何属性和内部变量，所以基本不会有对象损坏的风险。

基于上述数据访问层模型，除了极为特殊的查询要求，系统开发人员不需要编写任何数据库访问和查询逻辑，也不需要写任何 Structured Query Language (SQL) 语句，所有的数据库操作和各种查询逻辑都被封装在了相应的 Repository 类中，只需要在 RepositoryPool 中添加相关的 Repository 实例即可在全局范围访问数据库，得到包装好的领域模型对象。只有灵活、便捷的数据访问层才能培养不同水平的开发人员主动使用领域模型，而不是养成随意堆积支离破碎的功能代码的习惯。图 3.15 展示了与领域模型设计一致的数据管理的类图。

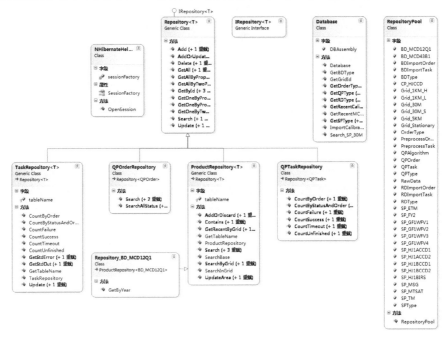

图 3.15　部分数据管理类结构图

3）数据管理功能界面

以原始数据入库和数据查询两个例子来说明数据管理功能的实际操作。原始数据入库的操作界面如图 3.16 所示，用户选择要入库的原始数据存储的文件夹，选择数据对应的传感器类型，并输入该文件夹下数据的区域标识符（可选），点击确定，系统就开始解析文件夹下的全部数据，并将解析后的数据显示在列表框中；然后用户点击确认入库按钮，就可以将数据和数据的元信息分别存入磁盘阵列和数据库中。

数据查询的操作界面如图 3.17 所示，用户选择查询数据的时间范围、数据类别和区域关键字（可选），点击查询按钮，系统将查询到的数据显示在列表框中，用户可以进一

步设置数据要导出的目录（磁盘），选择是现场导出数据还是生成数据导出脚本，根据需
要再导出数据。

图 3.16　数据入库界面

图 3.17　数据查询功能

参 考 文 献

陈端伟, 束炯, 王强, 等. 2006. 遥感图像格式 GeoTIFF 解析. 华东师范大学学报 (自然科学版), (2): 18-26.

查东平, 林辉, 孙华, 等. 2013. 基于 GDAL 的遥感影像数据快速读取与显示方法的研究. 中南林业科技大学学报 ,33(1): 58-62.

郜风国, 冯峥, 唐亮, 等 .2012. 基于 GDAL 框架的多源遥感数据的解析. 计算机工程与设计 , 33(2): 760-765.

贺广均, 李虎, 李家国, 等 .2012. 生态环境遥感产品生产分系统架构设计与实现. 微计算机信息 ,28(9):252-254.

刘昌明, 陈荦 .2011. GDAL 多源空间数据访问中间件. 地理空间信息 ,9(5): 58-61.

柳钦火, 仲波, 吴纪桃, 等 . 2011. 环境遥感定量反演与同化. 北京: 科学出版社 .

孟婵媛, 张哲, 张靓, 等 . 2012. 基于 GDAL 和 NetCDF 的影像金字塔构建方法. 海洋测绘 , 32(2): 49-51.

王桥 . 2010. 基于环境一号卫星的生态环境遥感监测. 北京: 科学出版社 .

王亚楠, 赖积保, 周珂, 等 .2012. 基于 GDAL 的多类型遥感影像文件标准接口设计与实现. 河南大学学报 : 自然科学版 , 42(6): 757-761.

余盼盼, 钟志农, 陈荦, 等 . 2010. 基于 GDAL 的月球空间数据转换服务. 兵工自动化 ,29(12): 45-48.

张宏伟, 童恒建, 左博新, 等 . 2012. 基于 GDAL 大于 2G 遥感图像的快速浏览. 计算机工程与应用 , 48(13): 159-162.

赵岩, 王思远, 毕海芸, 等 .2012. 基于 GDAL 的遥感图像浏览关键技术研究. 计算机工程 ,38(23): 15-18.

Barry D, Stanienda T. 1998. Solving the Java object storage problem. Computer, 31(11): 33-40.

de la Cruza R, Calmeta H, Houzeauxa G.2011. Implementing a XDMF/HDF5 Parallel File System in Alya. Partnership for Advanced Computing in Europe.

Folk M, Mcgrath R E, Yeager N. 1999. HDF: an update and future directions// Geoscience and Remote Sensing Symposium, 1999. IGARSS '99 Proceedings. IEEE 1999 International. IEEE Xplore, 1:273-275.

GDAL. http://www.gdal.org.

GeoTIFF. http://trac.osgeo.org/geotiff.

Gamma E, Helm R, Johnson R, et al. 1994. Design patterns: elements of reusable object-oriented software. Pearson Education.

HDF. http://www.hdfgroup.org.

NHibernate. http://nhforge.org/ [2014-10-16].

O'Neil E J. 2008. Object/relational mapping 2008: hibernate and the entity data model (edm). Proceedings of the 2008 ACM SIGMOD international conference on Management of data. New York: ACM.

Soumagne J, Biddiscombe J, Clarke J. 2010. An HDF5 MPI Virtual File Driver for Parallel In-situ Post-processing// Keller R, Gabriel E, Resch M, et al. Recent Advances in the Message Passing Interface. Springer Berlin Heidelberg.

Soumagne J, Biddiscombe J, Clarke J.2010. An HDF5 MPI virtual file driver for parallel in-situ post-processing// Recent Advances in the Message Passing Interface. Berlin: Springer Berlin Heidelberg: 62-71.

Yang M, Koziol Q. 2006.Using collective IO inside a high performance IO software package-HDF5. Proceedings of Teragrid,12-15.

Zhao X, Liang S, Liu S, et al.2013. The Global Land Surface Satellite (GLASS) remote sensing data processing system and products. Remote Sensing,5(5): 2436-2450.

第4章 多源多尺度遥感数据归一化处理技术与数据处理系统

4.1 多源多尺度遥感数据归一化处理的必要性

随着技术发展，传感器技术也在不断进步，不同时期发展的传感器在性能上具有明显差异，而且不同国家发展的传感器在性能上也参差不齐，因此，阻碍了不同的传感器，尤其是不同源的传感器用于共同完成一项对地观测任务。现阶段，我们已经进入了大数据时代，科学家有迫切的要求将多源卫星数据一起用来挖掘更多的有用信息，用于全球变化、资源管理、环境监测等方面的研究和应用。影响多源数据协同反演的关键问题主要如下。

（1）卫星的定位精度不一样，不同数据的几何位置存在差异。

表4.1展示了不同数据在使用经纬度数据进行几何粗校正后，与MODIS数据进行比较，几何定位中误差的情况。从表中可以看出，不同数据的几何定位精度差异很大，最大的差异接近20个像元，最小差异为两个像元以下，因此，几何位置精度的差异导致很难将不同源的遥感数据协同使用。

表 4.1　各个传感器几何粗校正后的中误差　　　　（单位：像元）

传感器	影像编号									
	1	2	3	4	5	6	7	8	9	10
NOAA17/AVHRR	5.1	6.9	6.5	5.4	5.5	5.9	5.3	6.3	6.4	6.2
FY-3A/VIRR	6.7	3.7	4.6	2.6	4.5	3.8	3.5	3.2	2.7	6.1
FY-3A/MERSI	2.7	2.3	1.7	2.2	3.3	3.2	2.4	2.8	3.1	1.9
FY-2E/VISSR	12.9	19.3	17.2	13.0	17.9	16.5	17.4	13.5	16.3	18.1
MTSAT2	3.51	4.98	4.24	4.06	5.56	4.56	5.23	4.1	4.3	4.56
MSG2	1.75	1.8	1.67	1.6	1.72	1.6	1.66	1.51	1.43	1.77
GOES	1.56	1.59	1.71	1.53	1.49	1.41	1.5	1.63	1.76	1.68

（2）传感器的辐射性能存在差异，不同数据的辐射量度一致性差。

图4.1为用MODIS和AVHRR数据生成的NDVI产品在时间序列上的对比结果，从图4.1中可以看出，两种数据所生产的NDVI在变化规律上一致，但是在变化的量上有明显差别。这种差别主要是由两种数据在辐射量度上的差异所引起的，而这种差异使得不同

数据在相同物理量的量度上存在差异,从而使得不同源数据协同反演同一个地表参数很难达到一致。

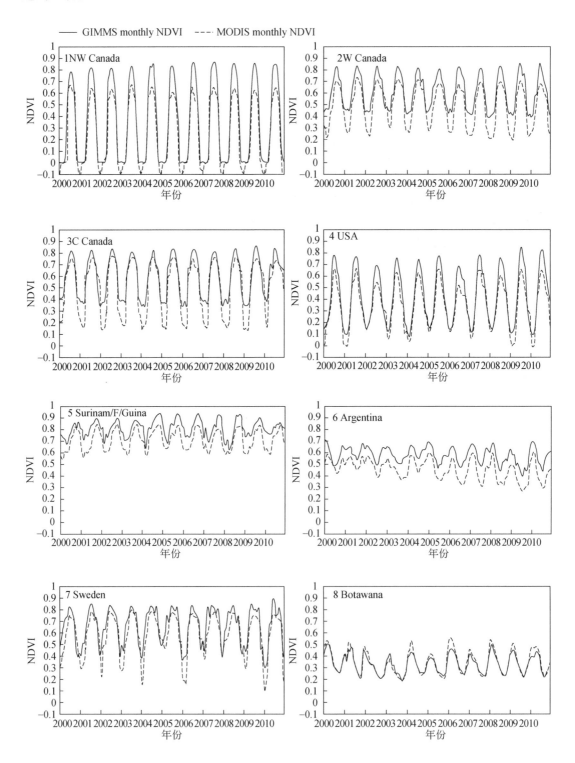

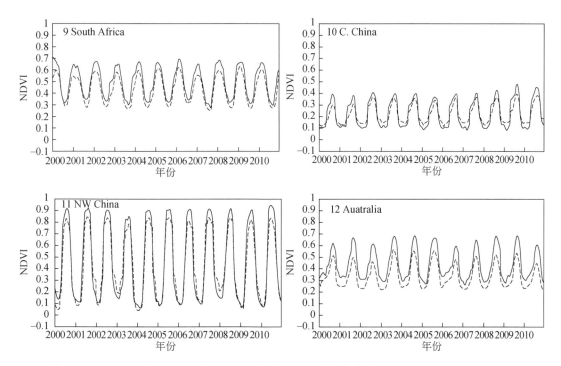

图 4.1　2000~2010 年 MODIS 与 AVHRR 月度 NDVI 时间序列对比 (Fensholt and Proud, 2012)

（3）不同传感器在设计时，由于技术工艺和目的不同，相似的光谱谱段设置存在差异。

除了几何位置和辐射性能具有差异外，不同的传感器在波段设置上也存在较大的差异，图 4.2 展示了 MODIS 与 TM 近红外波段光谱的差异，由于近红外波段受到大气水汽的影响，所以在大气水汽较大的时候，两种数据所获取的物理量是有一定差异的，这也从一定程度上阻碍了不同遥感数据之间的协同使用。

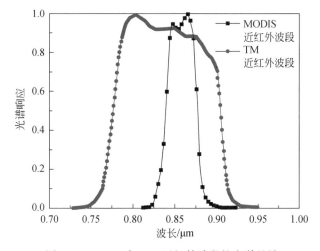

图 4.2　MODIS 与 TM 近红外波段的光谱差异

（4）可见光近红外波段受到大气的影响（尤其是受到大气气溶胶的影响），而且现阶段没有完全可靠的大气校正能力。

图 4.3 展示了北京及其周边地区在不同大气状况下所获取的 TM 数据，可以看出在不同大气状况下数据之间的差异受到气溶胶多少和分布的影响。在大气校正能力有限的情况下，大气校正后的图像可能会存在一定的差异，在辐射量度的差异上会影响协同反演的精度。

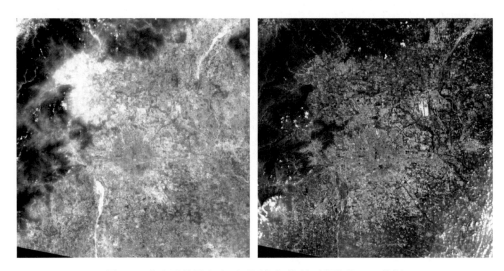

图 4.3　北京及其周边地区不同大气状况下获取的 TM 数据

（5）其他，如数据格式不统一等。

现阶段遥感数据的主要数据格式包括 GeoTIFF、HDF、帧格式等，协同使用多种遥感数据首先需要能够读写不同格式的遥感数据。

Townshend 和 Justice (2002) 指出，在不远的将来充分利用多源遥感数据之间的优势来建立长时间序列数据集，从而生成长时间序列的环境遥感产品将会成为一种普遍的手段。然而，要消除多源遥感数据之间的差异，并利用其优势来建立长时间序列的多源遥感数据集，不仅是一项科学研究的任务，也是一项工程型的任务。如果没有自动化的能力来实现，那么多源数据的协同使用只能停留在科学研究层面，而很难对科学的发展和行业部门的实际应用带来任何的帮助，因此，除了开展消除多源数据在几何和辐射方面差异的研究外，还需要开展工程化的研究，实现多源数据几何、辐射、大气校正等方法的自动化实现，形成数据处理系统。

MODIS 数据的处理系统经过了多年的发展，已经形成了多个版本，从 SIP 到 MODPAS，但是该处理系统只是对于 MODIS 这一单一的数据实现的；其他的卫星数据，如 FY-3、MERIS、SeaWIFS 等卫星都有自己对应的数据处理与产品生产系统。这些系统都是针对单一数据开发的。在海洋海色卫星发展过程中，也形成了诸如 SeaDAS (Baith et al., 2001)、BEAM（Fomferra and Brockmann, 2005）、HYDAS (Pan et al., 2004; Huang et al., 2008) 和 GDPS（Han et al., 2010）等一系列数据处理系统。近期，随着多源遥感数据的增加，多源遥感数据协同反演方面的研究也开始慢慢涌现。Vanhellemont 等（2002）利用极轨卫星数据（MODIS）和静止卫星数据（SEVIRI）协同获取海洋海色参数，从而提高利用两种数据单独使用所获取产品的时间分辨率和空间分辨率，得到精度更高的海洋海色产品，其中也涉及多源数据处理上的一些技术问题。Helfrich 等（2007）研发了 IMS 系统，同时利用了可见光、被动微波等多源数据，通过人机交互的方式，实现了冰雪的精确提取；然而，该系统是在人工交互的方式下实现的，缺乏自动化数据处理的能力，需要耗费大量的人力资源。

　　本书想通过解决以上几个难题，从而建立一个自动化实现多源遥感数据几何和辐射处理的数据处理系统，从而实现多源遥感数据的归一化，形成多源多尺度的遥感数据集，为多源遥感数据的协同反演打下基础。

　　为了实现多源遥感数据的归一化处理，需要攻克以下关键技术。

　　（1）几何精校正技术（从 L1B 数据开始）：消除不同数据之间由于几何定位差异造成的空间不一致性。

　　（2）光谱归一化技术：消除不同传感器相似波段光谱设置上的差异。

　　（3）交叉辐射定标技术：消除传感器设计与制造时所引起的辐射值上的测量差异。

　　（4）大气校正技术：消除由大气效应引起的辐射差异。

　　（5）数据标准化技术：消除格式、覆盖范围等所造成的差异，形成标准化的数据。

4.2　多源多尺度遥感数据归一化处理技术

4.2.1　多源遥感数据归一化处理目的

　　在 863 重大项目"星机地综合定量遥感系统与应用示范"中，项目专家组将遥感产品从数据到产品进行了严格的分级，图 4.4 展示了分级的示意图。

图 4.4　遥感产品层级图

遥感数据产品：来源于不同卫星传感器的数据，在光谱设置、时空分辨率、观测几何等方面存在着差异。

定量遥感基础产品：卫星组网、虚拟星座、星地组网的多传感器遥感数据产品经过标准化、归一化处理形成的多源遥感数据标准产品，需要进行的处理包括交叉辐射定标、几何精校正、大气校正、传感器波段归一化等。

定量遥感共性产品：基础定量遥感产品经过定量反演、时空同化和真实性检验等流程生成的具有明确地学含义的定量属性参数遥感产品，一般有两个以上应用领域或行业部门有应用需求，如植被叶面积指数等。

定量遥感专题产品：共性定量遥感产品与专题应用模型、行业先验知识等结合加工生成的具有特定应用意义的定量遥感产品，一般属于少数专门应用领或行业部门需要应用的产品，如森林生物量、农作物单产等。

定量遥感应用产品：定量遥感共性产品或定量遥感专题产品是经过各应用领域和行业部门业务化运行系统进一步分析加工生成的面向政府决策支持或公众服务的应用产品，如全球粮食安全预警报告等。

多源遥感数据归一化处理就是针对现阶段不同的遥感数据格式、波段设置、传感器性能和相应的定量遥感反演算法互不兼容、所生产的定量产品具有同名异质性的特点，研究标准遥感数据产品在空间定位、辐射特性、光谱、时相等方面的一致性预处理技术，主要包括多源遥感数据的格式转换、多尺度数据的投影转换和空间定位，以及空间定位的一致性匹配、辐射定标和交叉辐射定标、数据拼接与标准分幅、时空连续性滤波和时间序列重构技术，形成真正意义上的具有空间一致性、辐射一致性、时相一致性的标准多源遥感数据集，为共性产品、专题产品乃至应用产品提供标准化输入。同时，在研究定量遥感产品反演过程中用到的其他辅助数据的标准化处理技术，如基础地理信息数据、气象数据、地面台站测量数据、气象再分析数据等，使之满足定量产品生产、与遥感数据可配套应用的要求。针对组网观测的多源遥感数据，研究大范围、多尺度、长时间序列的多源遥感数据的自动化快速处理和定量遥感基础产品生产技术。为了达到这些目的，需要解决的关键技术如下。

（1）多尺度遥感数据几何精校正技术；

（2）多传感器光谱归一化技术；

（3）多源多尺度多谱段遥感数据交叉辐射定标技术；

（4）多源多尺度遥感数据大气校正技术；

（5）标准化技术。

多源遥感数据归一化处理的最终目的是获取空间、光谱、辐射等一致的多源遥感数据集（图4.5），从而支持多源遥感协同反演。

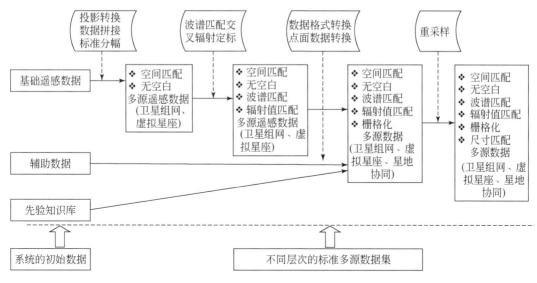

图 4.5 多源数据集生产流程图

4.2.2 多源遥感数据简介

为了满足 26 种定量遥感产品的生产要求，我们对现阶段所能够收集到的遥感数据进行整理，主要数据见表 4.2。

表 4.2 多源遥感数据归一化处理框架下所涉及的遥感数据及其特点

数据大类	细分类别	数据列表	数据特点
光学数据	极轨（中高分辨率）数据	Landsat TM/ETM+/OLI、HJ-1-CCD/IRS/HIS、CEBRS02B/WFV、ZY03/MUX、GF-1/WFV	波段：可见光、近红外、中红外、热红外；分辨率：10m 级
	极轨（中低分辨率）数据	MODIS、AVHRR、MERIS、MERSI、VIRR、VIIRS	波段：可见光～热红外；分辨率：百米到 0.1~1km
	静止卫星数据	GOES、MTSAT、MSG、FY-2	波段：可见光～热红外；分辨率：1~10km
微波数据		SSMIS、SSMI、GRACE、TerraSA、COSMO-SkyMed	

从表 4.2 中可以看出，这些数据主要是光学传感器遥感数据（其他类型的数据将在今后的工作中逐渐补充完善），可以大致将其归类为 3 个尺度（分辨率）。

30m（含 300m）：主要传感器包括 HJ-1/CCD 和 Landsat 系列卫星数据产品，在近期还将包括 GF-1/WFV（16m）数据；在将来，根据系统数据的需求，会进一步增加 CEBRS/WFI 和 ZY-3/MUX 等数据，用以填补数据空缺，使得数据在时间和空间上更加连续；还包括 HJ-1/IRS 和 HIS 等 100~300m 分辨率数据。

1km：主要传感器包括 MODIS、AVHRR、MERSI、VIRR 等中低分辨率光学传感器数据；在历史数据的使用上，还可以使用 MERIS 数据；在近期还将 VIIRS 数据加入。

5km（25km、300km）：主要包括 MTSAT、MSG、FY-2、GOES 等静止卫星数据，以及分辨率较低的微波和重力卫星数据。

在关键技术突破与系统开发过程中，都需要从以上 3 个尺度来考虑。

4.2.3 多源遥感数据归一化处理框架

在多源遥感数据归一化处理目的的指导下，根据项目中所涉及的数据类型，我们对多源遥感数据归一化处理分系统进行设计，形成系统框架（图 4.6）。该框架包括以下 3 部分内容。

（1）共性算法库：用于支持归一化处理和标准化处理。

（2）数据的几何与辐射处理。

（3）标准化处理，形成归一化数据产品。

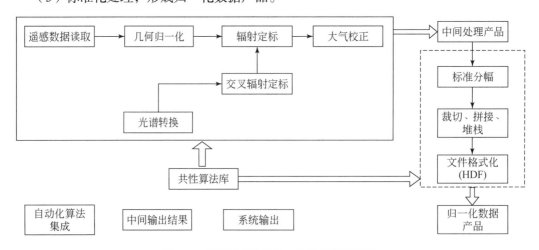

图 4.6 多源遥感数据归一化处理框架设计

经过框架中的所有流程后，最终输出为经过归一化的数据产品；其他一些输出包括交叉辐射定标表、光谱归一化表和共性算法库。

归一化数据产品是指根据不同数据的尺度特点，经过几何校正、辐射定标和大气校正中的一项或多项处理后，再根据数据的尺度特点进行标准分幅以后的数据。

共性算法库包括一些公用的算法，如重采样算法、投影转换算法、文件读写库等。

光谱归一化表是将独立开发的光谱归一化软件模块生成现有主要遥感数据之间波谱响应函数的转换系数，形成光谱归一化表。该表可以支持交叉辐射定标中不同数据相似波段之间的波谱转换，同时还可以支持共性算法中对有波谱转换需求的算法。

交叉辐射定标表是用独立开发的交叉辐射定标软件模块生成基于本底数据的辐射转换系数，可以将不同传感器相似波段的辐射进行归一化，形成辐射归一化以后的遥感数据。

中间产品是自动化生成的，输入的遥感数据经过几何精校正、辐射定标和大气校正处理中的一项或多项后，形成数据产品。

标准化处理功能是自动化实现的，归一化处理后的数据通过分幅、裁切、拼接、堆叠以后形成特征尺度上的标准数据，并以规定的文件格式（HDF）写出来，存入文件系统。不同尺度的数据标准化处理以后的结构有所不同。

归一数据产品是经过从中间产品标准化处理以后最终形成的数据产品。

根据多源协同定量遥感产品反演需求及各种归一化技术所能够达到的精度，表 4.3 制定了归一化处理的数据产品所期望达到的指标，以及系统最终实现的指标。

表 4.3　归一化处理技术指标表

尺度	30m 分辨率		1km 分辨率		5km 分辨率	
处理技术	要求	实现情况	要求	实现情况	要求	实现情况
几何校正	亚像元级	1~2 个像元	1 个像元	1~2 个像元	1 个像元	1~2 个像元
光谱转换	主要传感器	实现	主要传感器	实现	主要传感器	实现
交叉辐射定标	95%	95%	95%	95%	95%	95%
大气校正	85%	85%	85%	85%	85%	85%

经过归一化处理的数据产品将为多源遥感协同反演技术提供以下帮助。

（1）同时使用多种 30m 分辨率遥感数据，提高时间分辨率，建立月度或者更短时间间隔的 30m 分辨率时间序列遥感数据。

（2）协同使用多种 1km 分辨率遥感数据，在更短的时间里获取更多的观测，提高共性定量遥感产品的时间分辨率。

（3）联合使用极轨卫星遥感数据和静止卫星遥感数据，充分利用两种数据的时间分辨率和空间分辨率优势，从而得到时空分辨率更高的共性定量遥感产品。

（4）协同 30m 和 1km 两种分辨率的遥感数据，在共性定量遥感产品反演过程中，将 30m 分辨率数据的结构信息与 1km 分辨率的时间信息进行融合，从而提高 1km 分辨率共性产品的精度。

在完成多源遥感数据归一化处理后，将形成标准归一化数据产品。中高分辨率数据主要包括两个层次的数据：①经过几何和辐射处理后的地表反射率数据可以直接使用；②合成月度甚至旬的地表反射率产品，可以用于时间序列分析和以月和旬为间隔的其他定量遥感产品。中低分辨率数据也包括两个层次的数据：①经过几何和辐射处理的单一数据地表反射率产品，大部分包含了云；②由多种数据在 5 天时间内合成的地表反射率产品。这些产品的实例将在 4.4 节中给出。经过归一化处理后的中高分辨率数据和中低分辨率数据的地表反射率产品可以直接用于协同反演植被指数、BRDF 和反照率等共性定量产品。

4.2.4 多源遥感数据归一化技术

1. 几何归一化处理技术

卫星平台设计与控制技术及传感器制造技术上在不同阶段和不同国家存在一定差异，使得经过系统几何校正后不同源的 L1 级数据在几何位置精度上存在一定的差异，高的甚至可以达到数十个像素，从而对多源遥感数据的协同使用造成了较大的困难；这也是到目前为止很少有研究人员开展多源协同反演方面研究的主要原因。本框架将在 30m 和 1km（含 5km）两个尺度上来开展基于图 - 图匹配的几何精校正技术研究，从而提高多源遥感数据在几何位置上的一致性。

1）中高分辨率遥感数据的几何归一化处理

针对表 4.2 中的中高分辨率遥感数据（30m 及以上分辨率，主要包括 Landsat TM/ETM+/ OLI、HJ-1/CCD/IRS/HIS、CEBRS02B/WFV、ZY-03/MUX、GF-1/WFV 等）的不同特点，研究利用影像自动配准技术实现中高分辨率遥感数据的几何精校正。这些数据的主要特点如下。

（1）以国产卫星数据为主，数据的几何定位精度与国际主流数据相比具有一定差异，而且有些数据的精度特别差。

（2）大部分数据中都有宽覆盖的传感器，如 HJ-1/CCD 和 GF-1/WFV 等，这些数据在校正时，除了系统几何误差外，还需要考虑由于幅宽过大所造成的局部几何误差。

（3）部分数据含有热红外波段，其几何校正需要单独考虑。

考虑到中高分辨率遥感数据的以上特点，在研究的过程，针对的关键技术主要如下。

（1）自动匹配技术：由于 Landsat 卫星系列所采集的 TM 数据的几何和辐射性能是受到 USGS 的长期监督和控制的，具有非常高的几何精度，因此，我们利用 TM Geocover 正射产品数据构建全球的基准影像数据集，作为底图，然后对目标传感器图像实行图 – 图匹配。要实现目标数据的自动化几何校正，还需要研究特征点的自动提取技术，实现底图和目标图像上特征点的自动提取。

（2）误匹配点剔除技术：为了确保自动提取的特征点对是正确的，还需要利用 DEM 或者先验知识来对特征点对进行判定，剔除错误匹配的特征点对。

（3）多核多 CPU 加速技术：几何校正需要大量的浮点运算，为了提高几何校正的效率，需要充分利用现有计算资源，因此，我们还将多核多 CPU 加速技术作为一个关键技术来进行研究。

算法实现的技术路线如图 4.7 所示。

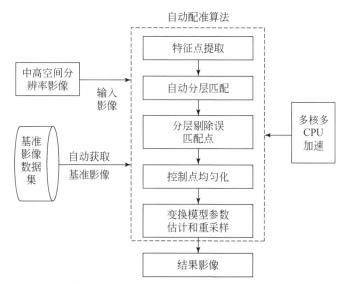

图 4.7　中高分辨率几何精校正处理流程

2）中低分辨率遥感数据的几何归一化处理

针对表 4.2 中的中低分辨率遥感数据（1km 及以下分辨率，主要包括 MODIS、AVHRR、MERIS、MERSI、VIRR、VIIRS、GOES、MTSAT、MSG、FY-2 等）的不同特点，研究利用影像自动配准技术实现中低分辨率遥感数据的几何精校正。这些数据的主要特点如下。

（1）由于分辨率较低，空间覆盖范围大，图像中总是含有大量的云，会干扰几何校正的实施。

（2）由于空间分辨率低，很难找到明显的几何特征点。

（3）晚上没有可见光数据时，如何开展。

（4）相对于中高分辨率数据而言，中低分辨率数据的格式较多。

考虑到中低分辨率遥感数据的以上特点，在研究过程中，针对的关键技术主要如下。

（1）云的快速检测技术：为了排除云的干扰，首先需要研发一种快速的云检测技术，从而实现云的快速识别，在进行几何校正时避免将云的纹理特征作为特征点，从而引起误匹配。

（2）特征点提取：与中高分辨率数据明显的纹理特征相比，中低分辨率数据纹理特征不明显，只有大型的水体、山脉和海岸线等可以作为特征点进行匹配，因此，我们用以上物体构建特征点库来实现特征点提取。

（3）夜间匹配技术：由于晚上中红外及热红外数据还能够获取地面数据，因此，需要考虑在没有可见光数据情况下的几何校正技术。

算法实现的技术路线如图 4.8 所示。

2. 光谱转换技术

针对大气层顶和大气层底的遥感数据，以某一传感器为参考源（如选择 MODIS 作为参考源），构建其他传感器波段反射率或者辐亮度到参考传感器相应波段数值的转换关系，

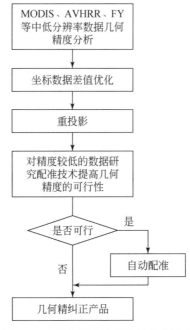

图 4.8　中低分辨率数据总结技术路线

模拟在不同观测几何和大气状况下，不同传感器的表观反射率或者辐亮度，构建它们的数值向参考传感器的转换方式。软件模块可以形成光谱转换系数表，这些系数可以将一种传感器的反射率或者辐亮度转换为参考传感器的反射率或者辐亮度。多源遥感数据光谱归一化技术路线图如图 4.9 所示。

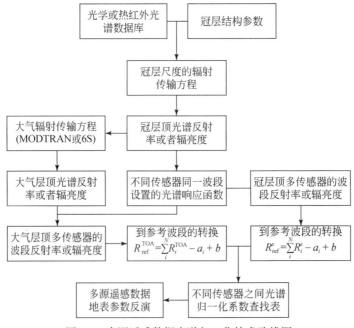

图 4.9　多源遥感数据光谱归一化技术路线图

1）基于冠层顶的光谱归一化方法

针对大气校正以后的遥感数据，冠层顶的波段辐亮度是进行地表参数反演的主要数据源。以现有的光谱数据库（中国典型地物光谱数据库、JPL 数据库、USGS 数据库和 UCSB 数据库）为数据源，利用目前流行的辐射传输方程模拟不同观测几何与植被结构参数下的冠层顶反射，或者辐射的光谱反射率，或者辐亮度，结合不同传感器的光谱响应函数积分获得相应波段的测量值，以某一传感器为参考源，构建其他传感器波段反射率或者辐亮度到参考传感器相应波段数值的转换关系。

2）基于大气层顶的光谱归一化方法

遥感产品的多种算法需要直接利用大气层顶的表观反射率或者辐亮度来直接完成，如反演地表温度的分裂窗算法（split windows）。而大气作用将改变冠层顶光谱归一化方法的结果，而使其无法直接使用。以冠层顶的光谱反射率或者辐亮度为基础，结合大气辐射传输方程（MODTRAN 或者 6S 等），模拟在不同观测几何和大气状况下，不同传感器的表观反射率或者辐亮度，构建它们的数值向参考传感器的转换方式。为提高业务化水平，还将建立依赖于观测几何、大气参数和传感器类型的光谱归一化系数查找表。

3. 交叉辐射定标

由于传感器生产工艺具有差异，不同传感器相似波段的辐射亮度有一定的差异；交叉辐射定标是利用基准传感器（具有较为精确、稳定度高的传感器）将待定标传感器的辐射值进行转换的一种方式，在这里我们将针对中高分辨率（30m 及更高）和中低分辨率（1km 分辨率及更低）可见光近红外数据（VNIR），以及 1km 和 5km 等多种尺度的红外数据（TIR）开展交叉辐射定标研究，形成不同数据之间的交叉辐射定标转换系数表。

1）中高分辨率（30m 及更高）VNIR 数据交叉辐射定标

由于 HJ-1/CCD 等国产中高分辨率数据存在辐射校正精度不高和辐射性能不稳定等因素，需要利用空间分辨率近似且辐射性能较稳定的可见光近红外传感器对这些数据进行交叉辐射定标，使得 HJ-1/CCD 等数据的辐射性能得到提高。

国产中高分辨率的 CCD 传感器通常具有宽覆盖、观测角大等特点，使得在对其进行交叉辐射定标时需要考虑地表 BRDF 的影响。现阶段，国内研究人员和行业应用部门往往利用 MODIS 数据作为基准来对其进行交叉辐射定标；然而，MODIS 数据空间分辨率较低，与中高分辨率数据之间往往存在较大的空间分辨率差异，使得交叉辐射定标的精度受到一定的影响；另外，由于利用 MODIS 进行 BRDF 效应考虑时，不同观测角下的 MODIS 数据分辨率最大可以相差 5 倍，从而使交叉辐射定标的精度大打折扣。

首先，Landsat TM/ETM+ 及最近发射的 OLI 传感器具有与国产中高分辨率数据相近的空间分辨率，而且，由于 Landsat TM/ETM+ 数据经过陆地卫星延续计划（Landsat data continuity mission，LDCM）计划的重新处理后，在几何和辐射性能上达到较高的精度，因此，系统中将利用 LandsatTM/ETM+ 数据作为交叉辐射定标的基准数据。由于 Landsat 系列传感器在进行对地观测时基本上是垂直观测的，因此，从 BRDF 的角度考虑，如何利用垂直观测的数据来实现宽覆盖大角度观测数据的交叉辐射定标是本书的一个关键技术。本系统所集成的中高分辨率 VNIR 数据交叉定标的技术流程如图 4.10 所示。

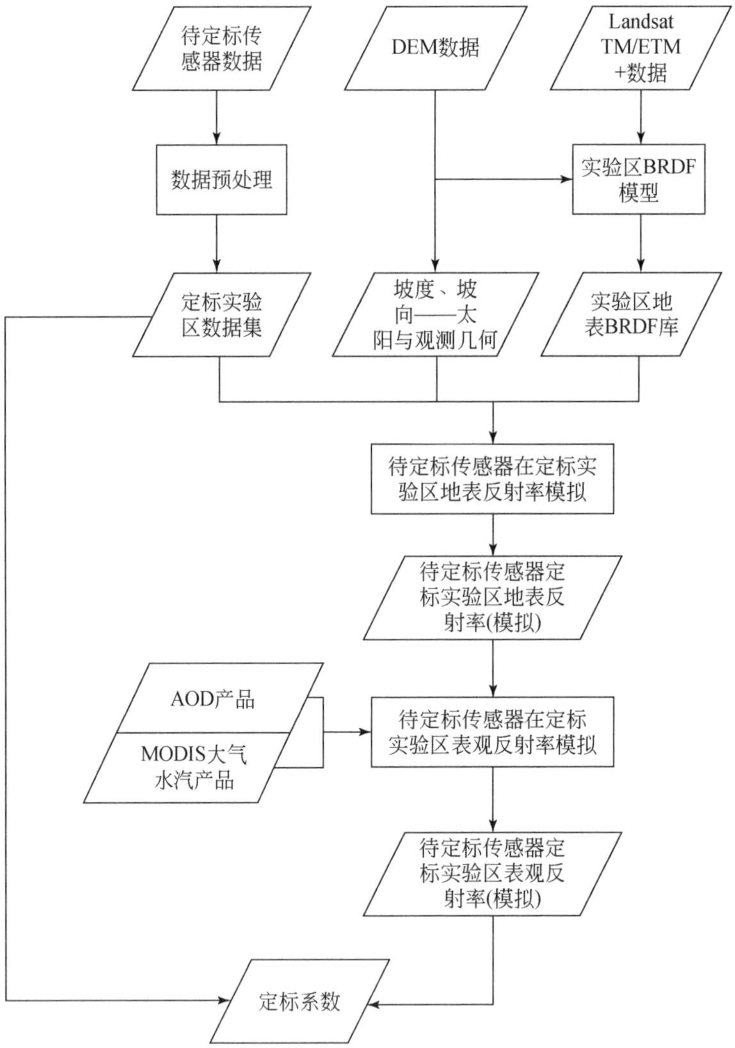

图 4.10　30m 分辨 VNIR 数据交叉辐射定标技术路线图

2）中低分辨率（1km 分辨率及更低）VNIR 数据交叉辐射定标

由于 AVHRR 和 FY-3A 等传感器质量与设计的问题，辐射性能与 MODIS 相比存在一定差距，为了充分利用 AVHRR 和 FY-3A 等多源数据提供的多波段、多角度和多时相信息，需要对这些数据进行交叉辐射定标，以满足实际应用的需要。由于 MODIS 数据具有星上定标系统，其辐射性能被大家认可，因此，本书将利用辐射性能稳定的 MODIS 传感器对 AVHRR 等中低分辨率数据进行交叉辐射定标，实现中低分辨率多源遥感数据在辐射性能上的一致性。

另外，由于中低分辨率 VNIR 数据类型众多（包括 NOAA/AVHRR、FY-3A/MERSI、FY-3A/VIRR、Envisat/MERIS 等），延续时间也很长，为了充分利用这些数据的优势，需要研发一套普适性的交叉辐射定标算法来实现对其进行交叉辐射定标。由于 MODIS 数据具有星上定标系统，其辐射性能被大家认可，因此，本系统中集成了利用时间序列 MODIS 数据同时反演定标试验场（巴丹吉林沙漠）的 BRDF 和 AOD，然后利用反演结果对 NOAA/AVHRR、FY-3A/MERSI、FY-3A/VIRR、Envisat/MERIS 等中低分辨率 VNIR 数据进行交叉辐射定标。该算法的技术路线如图 4.11 所示。

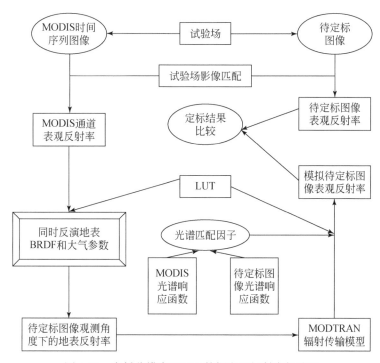

图 4.11　中低分辨率 VNIR 数据交叉辐射定标流程

3）热红外数据交叉辐射定标

目前较成熟的红外遥感数据交叉辐射定标技术包括光线匹配法、辐射传输法和高光谱卷积法。考虑到交叉辐射定标方法的精度、数据源获取的容易程度和可操作性，拟优先选择辐射传输法或者高光谱卷积法，寻找满足时间、角度、地点等观测条件近似一致的匹配点，开展静止和极轨卫星中低分辨率红外遥感数据交叉辐射定标技术研究。

热红外数据交叉辐射定标主要为了在轨重新标定红外定标系数可能存在不确定性的中低分辨率热红外遥感。在交叉辐射定标技术具体实施过程中，首先需要区别卫星类型，针对极轨和静止气象卫星分别对待。对于极轨卫星，考虑到需要找到更多的地点、时间和角度匹配数据，因此，主要选择高纬度的北极地区；对于静止气象卫星，则主要选择靠近赤道的中低纬度地区。考虑到将待定标传感器的数据与参考传感器的数据逐像素地比较将会花费大量的时间，而且现有计算机平台可能无法满足实时处理的需要，因此，首先采用影像金字塔技术，先将热红外数据聚合到 1° 为间隔的经纬度格网上，并减少数据自身经纬度误差的影响且增大信噪比。然后利用影像金字塔建立观测地点、观测时间、观测天顶角、太阳天顶角和相对方位角的索引查找表。接着在索引查找表的辅助下，利用匹配阈值，快速寻找待定标传感器和参考传感器满足地点、角度、时间匹配的匹配像元点。根据设定的经纬度格网大小，按照面积加权的方式，完成热红外交叉辐射定标的面积匹配。由于交叉定标方法不同，采用的参考传感器也不同。对于辐射传输法，优选 MODIS 数据作为参考传感器数据源，通过结合 TIGR 大气廓线数据库、ASTER 地物发射率光谱库和通道响应函数，同时模拟各种情况下的待定标传感器和参考传感器星上辐射观测，构建两者间的辐射转换模型，在剔除云干扰匹配像元点的基础上，直接获取热红外数据交叉辐射定标系数。对于高光谱卷积法，优选 AIRS 数据作为参考传感器数据源，利用通道响应函数直接对高光谱数据进行卷积，建立待定标传感器和参考传感器星上辐射观测的转换关系，无需剔除云的干扰直接获取热红外数据交叉辐射定标系数。最后，根据热红外交叉辐射定标结果生成红外交叉辐射定标精度报告，编制热红外交叉辐射定标软件模块。具体的热红外数据交叉辐射定标技术路线流程图如图 4.12 所示。

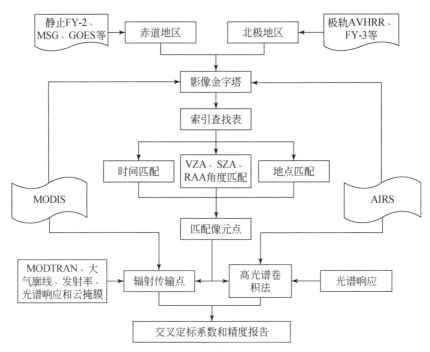

图 4.12　热红外交叉辐射定标技术路线流程图

4. 大气校正技术

由于受到大气瑞利散射、大气气溶胶和大气水汽的影响，光学遥感图像都会受到一定的影响，为了消除大气对遥感图像的这些影响，需要对其进行大气校正。针对中高和中低两种分辨率数据，发展两种不同的方法反演大气 AOD，并利用大气辐射传输模型实现多种尺度遥感数据的大气校正。

1）中高分辨率（30m 及更高）VNIR 数据大气校正

与中低分辨率 VNIR 数据不同，中高分辨率往往具有空间分辨率较高、图像纹理清晰、时间分辨率较低、缺少短波红外波段等特点，使得中高分辨率数据在进行 AOD 反演时产生了一些难点：①地物信息明显，造成反演精度降低；②时间分辨率较低，时间序列的方法很难使用；③大部分数据缺少短波红外波段，造成 DDV 算法失效等，因此，在对中高分辨率数据进行 AOD 反演和大气校正时，从业务化的角度出发往往利用中低分辨率数据的 AOD 产品，或者是地表反射率产品作为先验知识来进行；另外，有些研究人员通过统计的方法来实现对图像的相对校正。这些方法都存在一些缺点：①利用 MODIS 数据及其产品的方法所获取的 AOD 的空间分辨率过低，无法反映 AOD 在空间上的分布；②基于统计的方法往往是相对校正，而非绝对校正，所以在空间一致性上可能存在较大差异，无法用于定量产品生产等；③都需要引入其他数据来进行辅助。

　　针对中高分辨率数据的以上特点及反演算法的难点，对中高分辨率 VNIR 数据开展大气校正时，需要考虑的关键技术如下。

　　（1）如何发展一种仅仅利用中高分辨率数据本身来获取整幅图像的 AOD；

　　（2）如何实现整个 AOD 反演与大气校正流程的全自动化。

　　针对以上关键技术问题，我们发展了基于空间扩展的大气校正算法，技术路线如图 4.13 所示。

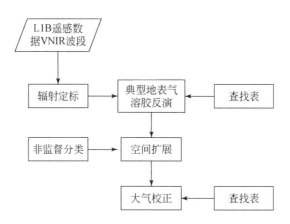

图 4.13　中高分辨率 VNIR 遥感数据大气校正技术路线

2）中低分辨率（30m 及更高）VNIR 数据大气校正

　　随着传感器技术和大气定量遥感方法的不断发展和完善，气溶胶信息的遥感获取技术也在不断发展。从 1963 年 Rozenberg 利用 Vostok-6 航天飞机反演平流层大气气溶胶剖面开始，到 1972 年 Carlson 和 Prospero 利用卫星数据进行气溶胶粒子分布及其迁移开始，气溶胶的卫星遥感技术开始了崭新的时代（Carlson and Prospero，1972）。随着新型传感器的不断发展，现阶段已经形成了气溶胶观测的多种遥感手段，主要包括 MODIS(King et al.，1999)、多角度反演（MISR）(Veefkind et al.，1998; Gonzalez et al.，2000; Diner et al.，1998)、多角度多极化反演（POLDER）(Deschamps et al.，1994) 和近紫外（TOMS，OMI）(Levelt et al.，2000) 等。同时，在全球气溶胶气候项目（GACP）、国际全球大气化学计划（IGAC）和亚洲大气颗粒环境变化研究项目（APEX）等项目的不断推动下，现在已经形成了多种卫星遥感气溶胶信息产品和气溶胶地面观测网,为卫星遥感气溶胶信息获取应用在大气污染监测中做了充分的准备。近年来,我国在气溶胶光学厚度遥感反演方面开展了大量的研究工作,取得了多方面的进展。

原理上,上面所发展的气溶胶参数反演算法所获取的气溶胶产品可以作为中低分辨率VNIR数据进行大气校正的基本输入参数,而且也有相关研究是这样做的,也取得了较好的效果。然而,空间分辨率较低,对于高亮地表和系数植被区域反演结果缺失,或者精度较低,阻碍了这些产品的应用。

针对中低分辨率VNIR数据的特点,在对其进行大气校正时,需要考虑的关键技术如下。

(1)亮地表AOD的获取;

(2)稀疏植被区域AOD的获取;

(3)地表BRDF的考虑;

(4)如何自动化实现。

针对以上关键技术,我们制定了如图4.14所示的技术路线来实现中低分辨率数据的大气校正。

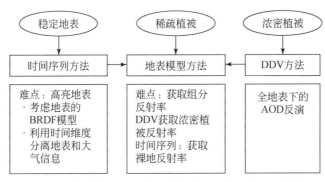

图4.14 考虑全地表的中低分辨率大气校正技术路线图

4.3 多源遥感数据归一化处理分系统设计与实现

4.3.1 功能结构

多源遥感数据归一化处理分系统分别对十多种传感器的产品进行处理,根据分辨率和数据类型划分为30m可见光、60m热红外、300m热红外、1km可见光、1km热红外、5km 6个子模块,多源遥感数据归一化产品生产系统功能结构如图4.15所示。

以1km可见光数据的归一化处理为例,其处理包含数据获取、几何校正、辐射定标、大气校正、分幅、产品入库等功能。

(1)数据获取:针对原始数据和辅助数据,根据用户的输入或者按照预定义的流程获取数据,进行归一化产品生产。

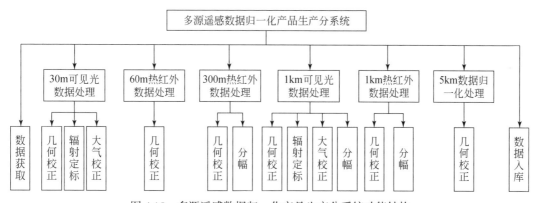

图 4.15　多源遥感数据归一化产品生产分系统功能结构

（2）几何校正：对于不同的传感器，根据流程设计分别进行对应的几何校正处理。

（3）辐射定标：对于不同的传感器，根据流程设计分别进行对应的辐射定标处理。

（4）大气校正：对于不同的传感器，根据流程设计分别进行对应的大气校正处理。

（5）数据分幅：对经过处理后的数据变换到安装分幅标准设置的投影和尺寸范围下，形成具有统一分幅的归一化数据。

（6）数据入库：分幅后的归一化产品进入数据库和存储系统。

4.3.2　任务流程

多源遥感数据归一化处理分系统对每个传感器的处理设计对应自动化处理流程，在入库时自动根据原始数据的类型进行处理。自动化处理流程分为六类：30m 可见光、60m 热红外、300m 热红外、1km 可见光、1km 热红外和 5km 数据处理流程，其生产模块的业务流程如图 4.16 所示。

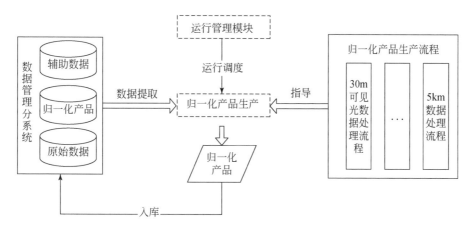

图 4.16　归一化产品生产模块业务流程图

归一化产品生产的流程包括以下步骤。

（1）生成归一化处理订单；

（2）归一化处理订单分解；

（3）生成归一化处理脚本；

（4）调度执行；

（5）产品入库。

4.3.3　接口设计

1）用户接口

多源遥感数据归一化处理分系统无用户直接交互接口。

2）外部接口

外部接口定义为多源遥感数据归一化处理与其他分系统之间的接口，主要为与数据管理分系统和运行管理分系统之间的接口。

（1）与数据库分系统的接口。

从数据库中获取原始、辅助数据进行归一化产品生产，生产后的归一化产品数据进入数据库。

（2）与运行管理分系统的接口。

提供运行管理分系统调度的接口，供运行管理分系统进行算法程序调度；报告算法状态给运行管理分系统。

4.3.4　不同尺度数据剖分标准

为了保证多源多时相数据的空间一致处理，对全球 5km、1km、300m、30m 等不同尺度的数据进行规则剖分，划分为不同大小的规则网格。参照现有 FY 卫星、MODIS 卫星、Landsat 全球数据的剖分情况，按照 4 个尺度进行规则剖分。

1）5km 数据

不进行剖分，全球一体，等经纬度投影。图 4.17 是全球等经纬度投影的示意图。

2）300m~1km 数据及产品

按照 $10°×10°$ 的格网进行划分，采用 Integerized Sinusoidal 投影，如图 4.18 所示。编号范围为 H01V01~H36V18，编号规则是经度方向从 180°W，自西向东编号，纬度方向从 90°N，自北向南编号，具体每个网格的分幅经纬度范围见查找表。

3）30m 数据与产品

考虑到 30m 卫星影像，如 HJ 卫星的覆盖能力和重返能力，根据数据和产品的时间相关性，按两种情况进行分幅。

（1）以自然景为单位进行处理、存储和使用，投影为 UTM。

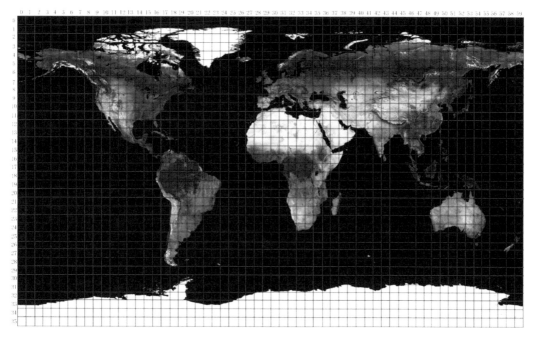

图 4.17　全球等经纬度投影的示意图

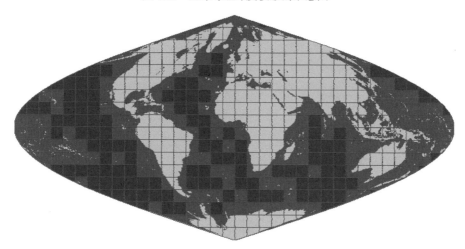

图 4.18　Integerized Sinusoidal 投影示例

引自 http://landweb.nascom.nasa.gov/developers/is_tiles/is_grid.html

（2）按标准分幅进行拼接形成最终产品，投影为等经纬度，分幅大小借鉴 NASA 的 TM 底图。

30m 的时间弱相关产品分幅方案，数据组织方式为南北向 5° 分割，东西向 6° 分割（UTM 区），覆盖范围为全球。编号范围为 H01V01~H60V36，编号规则是经度方向从 180°W 开始，自西向东，则 0° 经线是 31 带的起始线；纬度方向从 90°N 开始，自北向南，则赤道是 19 带的起始线。

此外，全球分类底图分幅后的命名规则如下，与标准稍有不同。

A-BB-CC-***.tif

A：南纬为 S，北纬为 N；

BB：经度方向编号，从 01~60，每隔 6° 一个带；

CC：纬度方向编号，从 00~85，每隔 5° 一个带，从赤道开始，第一个带编号为 00，第二个带编号为 05，依次类推。

4）极地区域

本书极地区域的产品是 1km 以上分辨率的产品，不进行剖分，采用极地方位投影（zenithal projection）。

归一化数据产品由于传感器、分辨率关系比较复杂，针对本框架中所使用的数据，其分幅情形在表 4.4 中列出。其中是否分幅：分幅为"是"，不分幅为"否"；经分幅标准后的图像大小为每个网格的大小。

表 4.4　分幅情况表

传感器类型	空间分辨率	是否分幅	经分幅标准后的图像大小
HJ-1A/CCD1	30m	否	无
HJ-1A/CCD2	30m	否	无
HJ-1A/HSI	100m	否	无
HJ-1B/CCD1	30m	否	无
HJ-1B/CCD2	30m	否	无
HJ-1B/IRS	前三波段 150m，第四波段 300m	是	10° × 10°
Terra/MODIS Qkm	250m	是	10° × 10°
Terra/MODIS Hkm	500m	是	10° × 10°
Terra/MODIS 1km	1000m	是	10° × 10°
Aqua/MODIS Qkm	250m	是	10° × 10°
Aqua/MODIS Hkm	500m	是	10° × 10°
Aqua/MODIS 1km	1000m	是	10° × 10°
AVHRR	1100m	是	10° × 10°
TM	30m	否	无
ETM+	30m	否	无
CEBRS02B		否	无
ZY-03		否	无
GF1-2m	2m	否	无
GF1-8m	8m	否	无
GF1-16m	16m	否	无

续表

传感器类型	空间分辨率	是否分幅	经分幅标准后的图像大小
MERIS（Envisat）	250m	是	10°×10°
MERSI（FY）QKM	250m	是	10°×10°
MERSI（FY）1km	1000m	是	10°×10°
VIRR	1100m	是	10°×10°
Vegetation		是	10°×10°
GOES-E	5000m	否	无
GOES-W	5000m	否	无
MTSAT	5000m	否	无
MSG	5000m	否	无
FY-2	5000m	否	无

4.3.5　标准归一化数据产品

在多源数据归一化处理框架所设定的流程完成后，就形成了标准归一化数据产品。为了便于产品的交换和使用，还需要制定相应的格式和使用规范。

1. 数据产品存储格式

本框架下所有标准归一化数据产品的存储管理和数据交换以 HDF 格式为标准。本书中的数据集等同于波段的概念，即一个数据集就是一个波段，此外，HDF 文件中的属性数据类型都设定为字符串，如无另外说明，都照此执行。

1）HDF 文件格式

HDF 文件按三级结构进行存储，如图 4.19 所示。第一级为 HDF 文件的属性信息和 HDF 组，属性信息用于对整个 HDF 文件进行描述，HDF 组是为了将产品存放在一起，其功能与文件夹类似。第二级为 HDF 组的数据集和属性，属性信息用于对其对应的 HDF 组进行描述，即描述同类产品的公有属性信息，数据集用于存放产品的波段，如果有多个波段，则使用多个数据集进行存放。第三级为数据集的属性，该属性是对其对应的数据集进行描述的，即描述该数据集（波段）的特有信息。

2）归一化数据产品的文件格式

归一化数据产品分为几何处理后的产品和大气校正后的产品两类，归一化数据产品文件是将这两类产品存储于同一个 HDF 文件中。以 HJ1ACCD1 为列，其 4 波段都需要几何校正、大气校正，其 HDF 文件结构如图 4.20 所示。第一级为组和文件的属性，共有三组，如图 4.20 所示，分别是 AtmosphericCorrection，GeometricCorrection，AngleData，其中 AtmosphericCorrection 为大气校正数据组，GeometricCorrection 为几何校正数据组，AngleData 为角度数据组；文件属性信息象征性地列出了 SpatialResolution 和 TemporalResolution。第二级为数据集及组的属性信息，如图 4.20 所示，每个组都有 4

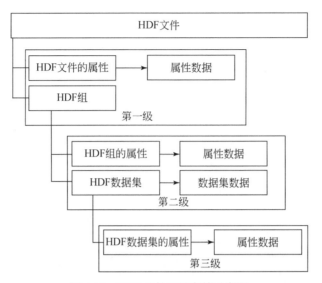

图 4.19　HDF 文件三级存储示意图

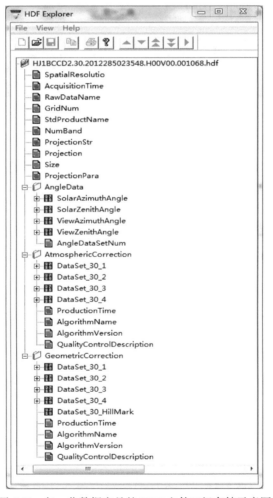

图 4.20　归一化数据产品的 HDF 文件三级存储示意图

个数据集，与 HJ1ACCD1 的 4 个波段对应；属性信息象征性地列出了 ArithmeticalDe-scription 和 AlgorithmVersionID 两个。第三级为数据集的属性，象征性地列出了 Data-setDescription 一个。

归一化数据产品是按景进行处理，分别为几何处理后的产品、大气校正后的产品。归一化数据产品 HDF 文件采用多组结构，两类产品存放于同一个 HDF 文件中，此外，将角度文件作为一个组存入归一化数据产品的 HDF 文件中。归一化数据产品 HDF 文件结构其命名包含归一化数据产品文件命名、归一化数据产品的产品名、归一化数据产品属性命名、归一化数据产品组命名、归一化数据产品组的属性命名、归一化数据产品组的数据集命名，以及归一化数据产品数据集的属性命名。

2. 标准归一化数据产品文件命名

标准归一化数据产品的命名规则如下。

（1）名称中每个元素间由"."来分隔；

（2）第 1 个元素为传感器的名称，字节数不限，见表 4.5 第二列；

（3）第 2 个元素为产品分辨率，字节数不限，30、300、1000、5000 等，分别代表 30m、300m、1km 和 5km 等多种不同分辨率的产品，见表 4.5 第三列；

（4）第 3 个元素为数据获取时间，包含 13 个字节，格式为 YYYYDDDHHMMSS，包括年和 Julian Day，以及 24 小时制时、分钟、秒（HHMMSS 可以分别用 00 补齐）；

（5）第 4 个元素为网格编号，包含 6 个字节，格式为 HxxVyy，H 代表网格的行，xx 为行编号，V 代表网格的列，yy 为列编号 (无网格编号的则为 H00V00)；

（6）第 5 个元素为轨道编号，包含 6 个字节，格式为 xxxyyy，xxx 为一组，yyy 为一组（无轨道编号的则为 000000）；

（7）第 6 个元素为文件的格式，包含 3 个字节，本规范中采用 HDF 格式，所以始终为 HDF。

举例如下。

HJ1ACCD1.30.2006001000000.H00V00.001072.hdf

HJ1ACCD1：产品缩写，为环境星 1A 的 CCD1 归一化数据产品

.30：分辨率，分辨率为 30m

.20060010000：数据获得时间 (YYYYDDDHHMMSS)

. H00V00：分片标示 (水平 XX，垂直 YY)，H00V00 为不分片

.001072：轨道号

.hdf：数据格式 (HDF)

3. 标准归一化数据产品的产品名

标准归一化数据产品的产品名字节数不固定，由表 4.5 的第 2 列和第 3 列进行确定。

表 4.5　标准归一化数据产品的产品名

传感器类型	传感器唯一命名	分辨率 /m
HJ-1A-CCD1	HJ-1ACCD1	30
HJ-1A-CCD2	HJ-1ACCD2	30
HJ-1A-HSI	HJ-1AHSI	100
HJ-1B-CCD1	HJ-1BCCD1	30
HJ-1B-CCD2	HJ-1BCCD2	30
HJ-1B-IRS	HJ-1BIRS	150
TM	TM	30
ETM+	ETM	30
MODIS-Terra	TERRA	250
		500
		1000
MODIS-Aqua	AQUA	250
		500
		1000
AVHRR	AVHRR	1100
FY-3A/MERSI FR	MERSI	250
FY-3B/MERSI RR		1000
FY-3A/VIRR	VIRR	1100
GOES-13	GOES13	5000
GOES-15	GOES15	5000
MTSAT	MTSAT	5000
MSG	MSG	5000
FY-2E/VISSR	FY-2E	5000
MERIS	MERIS	250
SPOT-VEGETATION	VEGETATION	
CEBRS02B	CEBRS02B	
ZY-03	ZY-03	
GF-1	GF-1	2
		8
		16

4. 标准归一化数据产品属性命名

对整个标准归一化数据产品，如几何校正产品、大气校正产品进行描述的公有属性，如表 4.6 所示。

表 4.6　标准归一化数据产品的属性命名

属性名	统一命名字符串	数据类型
空间分辨率	SpatialResolution	String
数据获取时间	AcquisitionTime	String
原始数据名称	RawDataName	String
网格编号	GridNum	String
归一化数据产品的名称	StdProductName	String
波段数	NumBand	String
投影方式	Projection	String
投影字符串	ProjectionStr	String
尺寸	Size	String
投影的 6 个参数	ProjectionPara	String
特殊投影的 6 个参数	SpecialProjectionPara	String

5. 标准归一化数据产品组命名

根据 1 中定义的 HDF 文件结构，将几何处理后的产品划分为一组，大气校正后的产品划分为一组，角度数据划分为一组，共三组。每组的唯一命名见表 4.7。

表 4.7　归一化数据产品组的命名

组名	统一命名字符串
几何处理	GeometricCorrection
大气校正	AtmosphericCorrection
角度数据	AngleData

4.3.6　标准归一化数据产品组的属性命名

对每一种归一化数据产品特有的对应属性进行说明，分别见表 4.8~ 表 4.10。

表 4.8　标准几何产品组的属性命名

属性名	统一命名字符串	数据类型
产品生产时间	ProductionTime	String
算法名	AlgorithmName	String
算法版本号	AlgorithmVersion	String
质量控制描述	QualityControlDescription	String

表 4.9　大气校正产品组的属性命名

属性名	统一命名字符串	数据类型
产品生产时间	ProductionTime	String
算法名	AlgorithmName	String
算法版本号	AlgorithmVersion	String
质量控制描述	QualityControlDescription	String

表 4.10　角度数据组的属性命名

属性名	统一命名字符串	数据类型
角度数据集个数	AngleDataSetNum	String

1）标准归一化数据产品组的数据集的命名

　　每个数据集只存放一个波段的数据，如果一个传感器标准化后需要保留多个波段，则存在多个数据集，对每个数据集分开命名，分别见表 4.11 和表 4.12。

表 4.11　标准归一化数据产品组的数据集命名

数据集名	统一命名字符串
几何处理	DataSet_ SpatialResolution_ Num
	DataSet_30_HillMark
大气校正	DataSet_ SpatialResolution_ Num
	DataSet_CM

表 4.12　角度组的数据集命名

数据集名	统一命名字符串
太阳天顶角	SolarZenithAngle
太阳方位角	SolarAzimuthAngle
观测天顶角	ViewZenithAngle
观测方位角	ViewAzimuthAngle
相对方位角	RelativeAzimuthAngle

2）标准归一化数据产品数据集的属性命名

对于 3 个不同类型的数据集几何、大气、角度，对每一个数据集的属性描述见表 4.13~表 4.15。

表 4.13　标准几何产品数据集的属性命名

属性名	统一命名字符串	数据类型
波段编号	BandID	String
波段范围（波长）	SpectralRange	String
转换系数（伸缩比率）	ConversionFactor	String
辐射定标 Gain	CalibrationGain	String
辐射定标 Offset	CalibrationOffset	String
太阳辐照度	CalibrationSolarIrradiance	String
辐射定标公式	CalibrationExpression	String
特别定标参数	SpecialCalibration	Float[]
原 MODIS 数据集的属性 radiance_scales	RadianceScales	String
原 MODIS 数据集的属性 radiance_ offsets	RadianceOffsets	String
原 MODIS 数据集的属性 reflectance _scales	ReflectanceScales	String
原 MODIS 数据集的属性 reflectance_offsets	ReflectanceOffsets	String

表 4.14　标准大气产品数据集的属性命名

属性名	统一命名字符串	数据类型
波段编号	BandID	String
波段范围（波长）	SpectralRange	String
转换系数（伸缩比率）	ConversionFactor	String

表 4.15　角度数据集的属性命名

属性名	统一命名字符串	数据类型
角度伸缩比率	AngleTelescopicRatio	String
描述是一个数值还是图像	IsImage	String

4.4　系统应用实例

在"多源遥感数据归一化处理分系统"开发完成后，我们可以实现中高分辨率和中低分辨率两大类十余种遥感数据的归一化处理，并形成两个层次的地表反射率产品：①经过几何与辐射处理的单一数据地表反射了产品，数据中依然有云；②融合多源遥感数据形成的多天合成的地表反射率产品，该产品基本上去除了云的影响，生成无云地表反射率产品。其中，中高分辨率为月度的 30m 地表反射率合成产品；中低分辨率为 5 天 1km 地表反射率合成产品。下面将通过两个实例来具体说明。

4.4.1　中高分辨率数据归一化处理实例

图 4.21 以环境星 CCD 数据为例说明了"多源遥感数据归一化处理分系统"中对中高

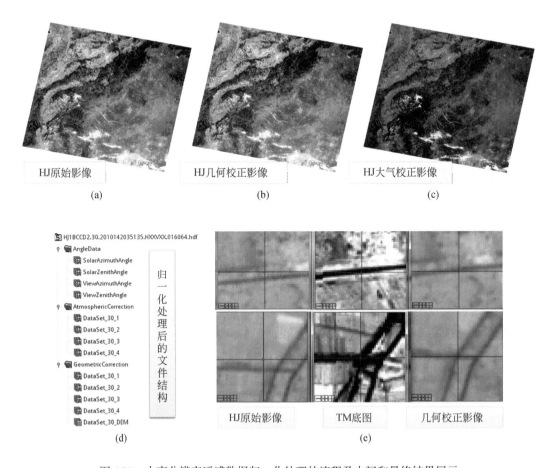

图 4.21　中高分辨率遥感数据归一化处理的流程及中间和最终结果展示

分辨率遥感数据处理的流程：原始数据经过几何校正后，在辐射定标后完成大气校正，形成地表反射率产品，并最终以 HDF 文件的形式存档和共享。图 4.21(a) 和图 4.21(c) 展示了从原始数据到地表反射率产品的对比，可以看出处理前后在气溶胶效应消除前后的明显差异；图 4.21(e) 展示了几何校正前后的对比结果；图 4.21(d) 展示了最终形成的 HDF 文件的结构图。

　　由于单一数据的观测量总是有一定限制的，为了获得月度及更高时间频次的无云地表反射率就需要利用多源遥感数据来进行融合，从而去掉云的影响。图 4.22 展示了利

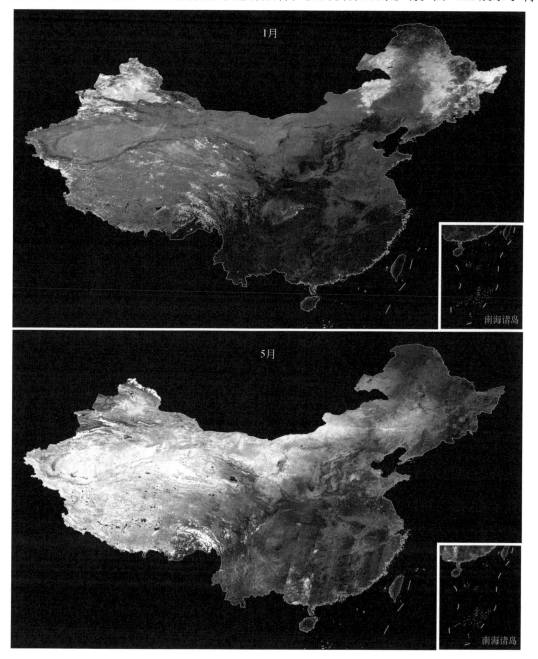

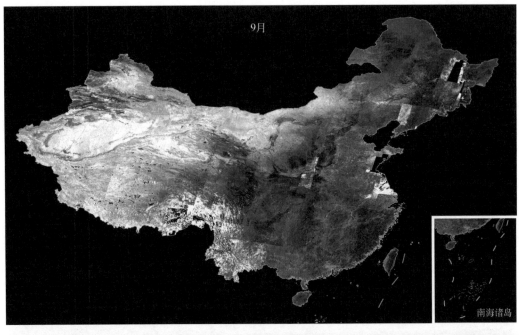

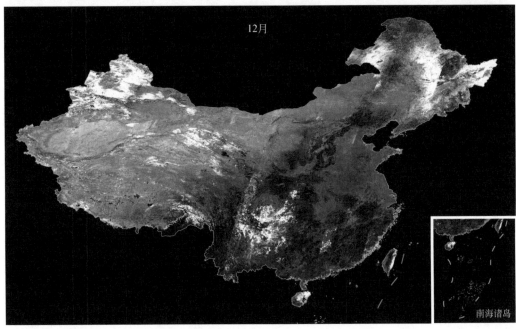

图 4.22　中国大部分区域的月度 30m 地表反射率合成示意图

用环境星 CCD 数据和 Landsat TM 数据融合生成的中国大部分区域的月度地表反射率合
成图。这种月度时间序列 30m 分辨率的合成地表反射率图可以动态地呈现陆地资源的
变化，从而通过实际序列分析的方式来自动提取农作物、森林水体等地表覆盖的类型和

变化信息等。

　　图 4.23 则展示了图 4.22 中部分地区的局部细节图像。

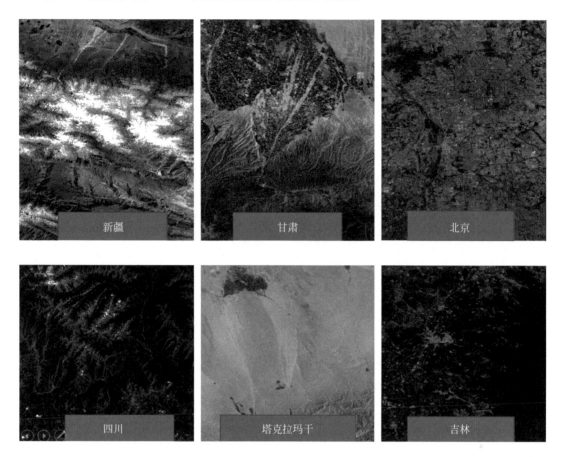

图 4.23　月度 30m 合成地表反射率图的局部细节图展示

4.4.2　中低分辨率数据归一化处理实例

　　同样，中低分辨率数据在经过"多源遥感数据归一化处理分系统"处理后的流程及对应的中间和最终结果图展示在图 4.24 上。图中展示了原始遥感影像数据（L1B）经过几何校正、标准图像分幅、辐射订正与大气校正，形成了归一化的标准数据产品。

　　将 5 天内所有 1km 分辨率遥感数据（来自于不同卫星/传感器）归一化后的标准数据产品在"多源遥感数据归一化处理分系统"中利用地表反射率合成算法可以生成全球 5 天 1km 地表反射率，如图 4.25 所示。

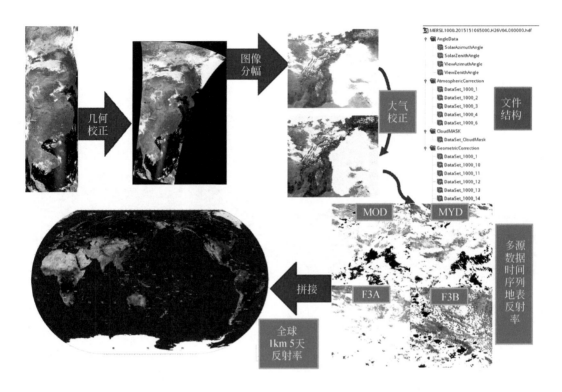

图 4.24　中低分辨率数据归一化处理流程及中间和最终结果展示

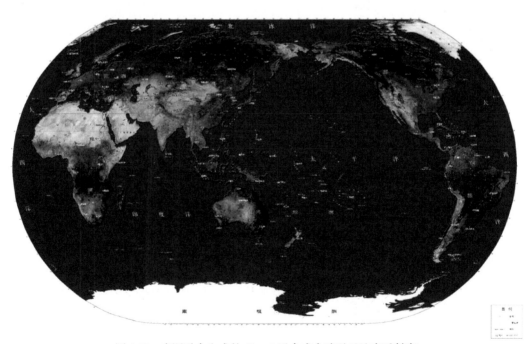

图 4.25　多源融合生成的 1km 5 天合成全球无云地表反射率

参 考 文 献

Baith K, Lindsay R, Fu G, et al. 2001. Data analysis system developed for ocean color satellite sensors. Eos Trans AGU, 82(18):202-202.

Carlson T N, Prospero J M. 1972. The large-scale movement of Saharan air outbreaks over the Northern Equatorial Atlantic. J Appl Meteor, 11: 283-297.

Diner D J, Beckert J C, Reilly T H, et al. 1998. Multi-angle Imaging SpectroRadiometer (MISR) instrument description and experiment overview. Geoscience and Remote Sensing, IEEE Transactions on, 36(4): 1072-1087.

Deschamps P Y, Bréon F M, Leroy M, et al. 1994. The POLDER mission: Instrument characteristics and scientific objectives. IEEE Trans Geosci Remote Sens, 32:598-615.

Fensholt R, Proud S. 2012. Evaluation of Earth Observation based global long term vegetation trends- Comparing GIMMS and MODIS global NDVI time series. Remote Sensing of Environment, 119(1): 131-147.

Fomferra N, Brockmann C. 2005. BEAM - The ENVISAT MERIS and AATSR toolbox. In: Proc of the MERIS (A) ATSR Workshop 2005, Frascati, Italy, 1-3.

Gonzalez C R, Veefkind J P, De Leeuw G. 2000. Aerosol optical depth over Europe in August 1997 derived from ATSR-2 data. Geophysical Research Letters, 27(7): 955-958.

Han H J, Ryu J H, Ahn Y H. 2010. Development the geostationary ocean color imager (GOCI) data processing system (GDPS). Korean J Remote Sens, 26(2):239-249.

Helfrich S R, McNamara D, Ramsay B H, et al. 2007. Enhancements to, and forthcoming developments in the Interactive Multisensor Snow and Ice Mapping System (IMS). Hydrological Processes, 21(12):1576-1586.

Huang H, Zhou Y, Pan D, et al. 2008. The second Chinese ocean color satellite HY-1B and future plans. Proc SPIE 7150:71501N.

King M D, Kaufman Y J, Tanre D, et al. 1999. Remote sensing of tropospheric aerosol from space: past, present and future. Bull Amer Meteor Soc, 80(11):2229-2259.

Levelt P F, Van Den Oord B, Hilsenrath E, et al. 2000. Science Objectives Of Eos-Aura's Ozone Monitoring Instrument (OMI).

Pan D, He X, Zhu Q. 2004. In-orbit cross-calibration of HY-1A satellite sensor COCTS. Chinese Sci Bull, 49 (23):2521-2526.

Townshend J R, Justice C O. 2002. Towards operational monitoring of terrestrial systems by moderate- resolution remote sensing. Remote Sensing of Environment, 83(1): 351-359.

Vanhellemont Q, Neukermans G, Ruddick K. 2002. T Synergy between polar-orbiting and geostationary sensors: remote sensing of the ocean at high spatial and high temporal resolution. Remote Sensing of environment, 146(1): 49-62.

Veefkind J P, de Leeuw G, Durkee P A. 1998. Retrieval of aerosol optical depth over land using two-angle view satellite radiometry during TARFOX. Geophysical Research Letters, 25(16): 3135-3138.

第5章 多源协同陆表定量遥感产品生产技术与产品生产系统

在数据库分系统和归一化处理分系统的支持下，生成了标准化和归一化后的标准数据产品，多源协同陆表定量遥感产品生产技术就可以在标准数据产品的基础上实现了。由于项目涉及20余种定量遥感产品，类型比较多，本书根据产品服务的领域将其分为辐射收支、植被结构与生长状态、水热通量和冰雪四大类。下面将逐一描述这四类产品的多源协同反演算法，以及集成这些算法所形成的产品生产分系统。

5.1 辐射收支产品多源融合生产技术

5.1.1 概述

地表辐射平衡是地表过程的重要组成部分，是地球系统演化发展的重要驱动力之一，也是影响气候变化和地气相互作用的关键过程，对自然生态和人类生产生活都有举足轻重的作用，同时受人类活动的影响也非常敏感，如工业化污染造成大气气溶胶增加，减小太阳辐射到达地表的能量，人类活动改变地表覆盖类型和状况，从而彻底改变地表反照率、地表发射率和地表温度（如城镇化、森林破坏和填海造地等）。地表辐射收支是对地表辐射平衡过程的解析表达，主要包括到达地表的短波（0~3.5μm）辐射被地表吸收的部分，以及大气下行长波（3.5~50μm）辐射与地表发射长波辐射之差，二者之和称为地表净辐射。地表净辐射是地表能量、动量、水分输送与交换过程的驱动力，影响着水、碳循环、热传输、生态环境变化、生物量变化等，在全球气候建模、农业估产和水资源利用等方面起着重要作用。

地表辐射收支参数定量遥感产品（简称辐射收支产品）包括全球大气气溶胶产品、全球地表反照率产品、全球下行短波辐射产品、全球下行长波辐射产品、地表短波和长波净辐射产品、全球光合有效辐射产品、全球地表发射率产品、全球地表温度产品8个参数的不同尺度的产品，以满足全球和重点区域的产品生产任务。为了提高产品时空分辨率和精度，避免产品反演过程对于单一传感器数据的依赖，在产品算法中改变以某个数据源作为出发点的做法，利用全球卫星组网数据提供的多源、多波段、多角度和多时段卫星数据，发展多源卫星数据的协同反演方法，以及根据数据库查询结果的最优产品生产流程构建方法，达到全球和区域尺度辐射收支参数精确估算的目标（图5.1）。

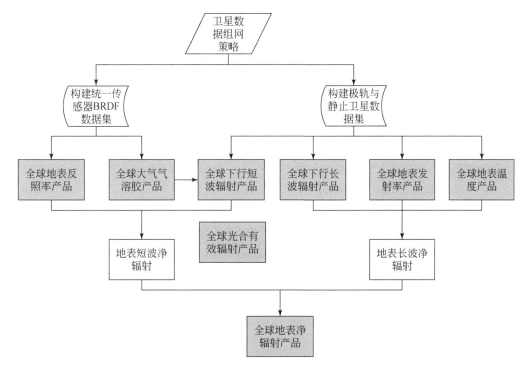

图 5.1　基于卫星组网的辐射收支产品关系图

考虑到全球和区域应用对产品尺度需求的不同，辐射收支产品体系中包括 4 种尺度的产品，产品的空间分辨率由低到高分别为 5km，1km，300m 和 30m，其中，前两种尺度的产品主要面向全球产品生产，以满足全球和大区域的应用目标，后两种尺度的产品则主要用于区域生产，以满足重点区域和实验区的需求。不同尺度产品的数据源也不太一样，30m 分辨率的产品主要基于 HJ-1、TM 等中高分辨率卫星数据的 CCD 数据；300m 分辨率产品以 HJ-1、FY-3 等卫星的红外波段数据为主；1km 产品以 MODIS、NOAA/AVHRR、FY-3 等极轨卫星数据为主；5km 产品以全球静止轨道卫星数据为主。产品列表如下。

5km 分辨率产品有 5 个，时间分辨率为 1~3 小时，主要数据源为 MST2、FY-2E、GOES-13、GOES-15、MSG2 等静止卫星数据，在高纬度地区利用极轨卫星补充静止卫星的观测空白。

（1）5km 地表温度产品，MuSyQ.LST.5km。

（2）5km 下行短波辐射产品，MuSyQ.DSR.5km。

（3）5km 下行长波辐射产品，MuSyQ.DLR.5km。

（4）5km 光合有效辐射产品，MuSyQ.PAR.5km。

（5）5km 地表净辐射产品，MuSyQ.NSR.5km。

1km 分辨率产品有 8 个，时间分辨率为 1~5 天，主要数据源为 MODIS、NOAA/AVHRR、FY-3 等极轨卫星数据。

（1）1km 地表发射率产品，MuSyQ.LSE.1km。

（2）1km 地表反照率产品，MuSyQ.LSA.1km。

（3）1km 地表温度产品，MuSyQ.LST.1km。

（4）1km 下行短波辐射产品，MuSyQ.DSR.1km。

（5）1km 下行长波辐射产品，MuSyQ.DLR.1km。

（6）1km 光合有效辐射产品，MuSyQ.PAR.1km。

（7）1km 大气气溶胶光学厚度产品，MuSyQ.AOD.1km。

（8）1km 地表净辐射产品，MuSyQ.NSR.1km。

300m 分辨率产品有 1 个，时间分辨率为 4 天，数据源为 HJ-1、FY-3。

（1）300m 地表温度产品，MuSyQ.LST.300m。

30m 分辨率产品有两个：时间分辨率为 1 天，数据源为 HJ-1、TM。

（2）30m 地表 BRDF/ 反照率产品，MuSyQ.LSA.30m。

（3）30m 大气气溶胶光学厚度产品，MuSyQ.AOD.30m。

上述 16 个产品是辐射收支产品体系中的主要成员，除此以外，在系统模块集成中还包括一些中间产品和合成产品。在辐射收支产品生产子系统中，所有产品模块集成的示意图如图 5.2 所示。

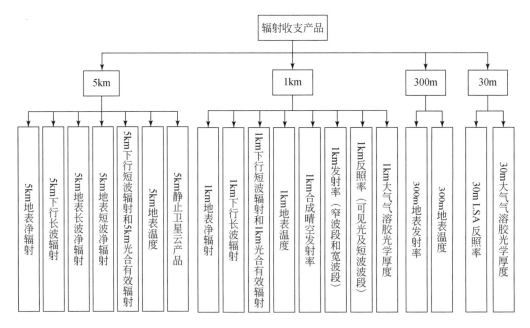

图 5.2　辐射收支产品生产子系统模块集成示意图（浅色表示中间产品或合成产品）

产品之间存在不同层级和互相调用的关系，图 5.3 以 1km 和 5km 的产品为例，表达了产品生产过程中的先后顺序、输入输出，以及层级和调用关系，以数据处理分系统产生的归一化数据产品为基础输入数据，产品生产流程共分为 4 级，最终得到地表净辐射产品。

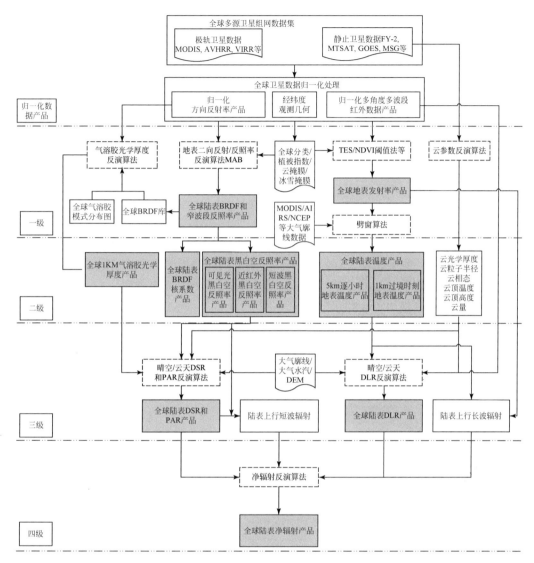

图 5.3　辐射收支产品体系生产流程中的层级关系

5.1.2　地表温度和发射率

1）地表温度

地表温度（land surface temperature）定义为传感器观测视角范围内对地表的辐射温度，刻画了电磁波所能穿透的薄层地表对应的皮肤温度。

1km 地表温度产品包括多个红外传感器过境时刻一天多次的地表温度。该产品的实现算法名为通用劈窗算法（generalized split-window algorithm，GSW），产品用到的数据源为 MODIS-Terra 数据、MODIS-Aqua 数据、FY-3A/3B 数据、AVHRR 数据，遥感数据的组网方式是数据所在反演周期内一天多次互相补充，生产流程如图 5.4 所示。

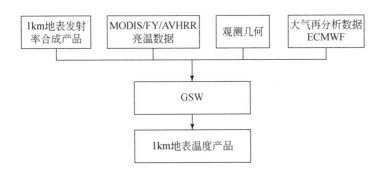

图 5.4　1km 地表温度产品生产流程

5km 地表温度产品包括 FY-2/MSG/GOES 红外传感器每 1 小时（GOES 为每 3 小时）的地表温度。该产品的实现算法名为 GSW。产品用到的数据源为 FY-2E 数据、MSG 数据、GOES 数据，遥感数据的组网方式是数据所在反演周期内生成全球每 1（或 3）小时的地表温度产品。生产流程如图 5.5 所示。

图 5.5　5km 地表温度产品生产流程

2）地表发射率

地表发射率（land surface emissivity）定义为，物体的辐射出射度与同温度、同波长下的黑体辐射出射度之比。1km 地表发射率产品包括窄波段发射率（对应选定传感器 8~14μm 通道），以及宽波段发射率（3~14μm 和 3~∞μm）。该产品的实现算法名为基于归一化植被指数的发射率提取方法（NDVI-based emissivity method，NBEM）。产品用到的数据源为 MODIS-Terra 数据、MODIS-Aqua 数据、FY-3A/3B 数据，遥感数据的组网方式是数据所在反演周期内一天多次互相补充。

3）合成晴空发射率

该产品的实现算法名为误差加权合成法。产品用到的数据源为 MODIS-Terra 数据、MODIS-Aqua 数据和 FY-3A/3B 数据，遥感数据的组网方式是数据所在反演周期内一天多次互相补充。生产流程如图 5.6 所示。

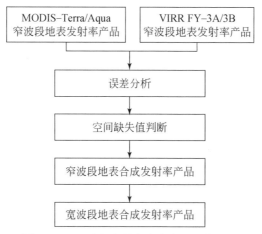

图 5.6　1km 晴空发射率合成产品生产流程

5.1.3　地表反照率

地表反照率定义为，半球空间内所有反射的辐射能量与所有入射能量之比。1km 地表反照率产品包括可见光波段（0.3~0.7μm）、近红外波段（0.7~3μm）和短波波段（0.3~3μm）的黑白空反照率。该产品的实现算法名为多传感器联合的二向反射分布函数反照率反演算法（Multi-sensor Combined BRDF/Albedo Inversion，MCBI）。产品用到的数据源为 MODIS 和 MERSI 标准产品及其云掩膜产品，遥感数据的组网方式是所在反演周期内的多源极轨卫星数据联合。

算法发展的多传感器联合的 BRDF 反演模型可直接使用 MODIS 和 MERSI 等传感器获取基于多传感器数据的 BRDF 中间产品，然后通过 BRDF 积分和窄宽波段转换获取与传感器无关的宽波段反照率。多传感器数据的联合使用通过多元线性回归实现，如式（5-1）。

$$\rho_T = a_1 \rho_{S,1} + a_2 \rho_{S,2} + \cdots + a_7 \rho_{S,7} \tag{5-1}$$

式中，S 为标准传感器，即 MODIS；T 为目标传感器；ρ 为反射率。将多源数据引入改进的核驱动模型后可以建立统一的反演模型，表示为式（5-2）：

$$M_{n \times 1} = K_{n \times 21} X_{21 \times 1} + E_{n \times 1} \tag{5-2}$$

在解的协方差矩阵中，$K'K$ 可以分解为

$$K'K = G'VG \tag{5-3}$$

式中，V 为特征对角矩阵；G 为特征矢量。根据信息理论的熵概念，定义一个能获取信息量的信息指数 I，表示观测数据参与反演 BRDF 的信息量。

$$I = \sum_1^n \ln(\lambda_i) - \ln \text{MSE} \tag{5-4}$$

式中，λ 为 V 的特征值；MSE 为观测的不确定性。

$$I_{\text{net}}=I_{\text{multisensors}}-I_{\text{monosensor}} \tag{5-5}$$

通过对比引入的传感器观测前后的信息指数可以判定引入观测的信息状态，如果其大于零，则表示引入新传感器数据对反演有利，对反演增加了信息量，反之，则引入的误差较大，不利于反演。多源反照率产品的生产流程如图 5.7 所示。

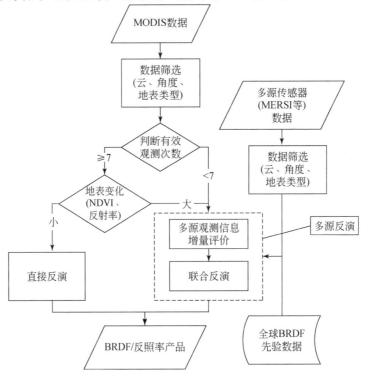

图 5.7　1km BRDF/ 反照率产品生产流程

图 5.8 是 2014 年第 121 天的全球 MuSyQ 短波波段黑空反照率产品。

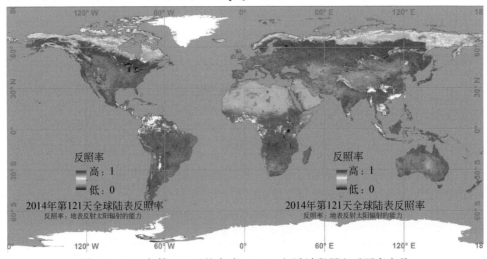

图 5.8　2014 年第 121 天的全球 MuSyQ 短波波段黑空反照率产品

在全球范围内选择 1km 尺度上代表性良好的 11 个辐射站点用于 MuSyQ 反照率产品的精度验证，这些站点涉及冰雪、草地、沙漠、森林和农田 5 种典型地表覆盖，同时与相同空间分辨率的 MODIS V5 反照率产品进行对比（图 5.9）。对所有站点区分积雪和非积雪时期分别进行精度评价，并统计不同地表覆盖下多验证站点的最大、最小和平均均方根误差（RMSE）。验证结果表明如下观点。

（1）MuSyQ 反照率在冰雪、草地和沙漠地表相对于 MODIS 同类反照率产品具有更高的精度，在森林站点具有较低的精度，在农田站点具有相似的精度；

（2）在非冰雪覆盖地表，MuSyQ 反照率的 RMSE 均小于 0.05，满足气候陆地模式的一般应用需求。

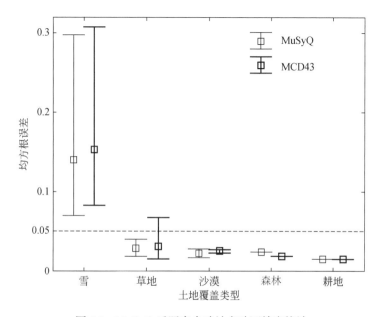

图 5.9　MuSyQ 反照率全球站点验证精度统计

综合来看，相对于 MODIS V5 版的 1km 反照率产品，采用多源数据具有更小合成周期的 MuSyQ 反照率在冰雪和草地地表具有一定精度优势，在其他地表覆盖时，两者精度差别不大。

5.1.4　下行辐射和净辐射

1）气溶胶光学厚度

气溶胶光学厚度（aerosol optical depth/thickness，AOD/AOT，本书中将使用前一种缩写）定义为沿辐射传输路径单位截面上所有吸收和散射产生的总消光，是一个没有单位量纲的量，描述了气溶胶的消光能力。由于气溶胶光学厚度的大小与波长直接相关；通常，遥感反演的气溶胶光学厚度一般指 550nm 处的气溶胶光学厚度。

定义点 s_1 和 s_2 之间介质的光学厚度为

$$\tau_\lambda = -\int_{s_1}^{s_2} k_\lambda \rho \mathrm{d}s = \int_{s_2}^{s_1} k_\lambda \rho \mathrm{d}s \qquad （5\text{-}6）$$

式中，τ_λ 为辐射波长 λ 处的大气气溶胶光学厚度；k_λ 为辐射波长 λ 处的质量消光截面；ρ 为气溶胶粒子的密度。

该产品的实现算法名为基于时间序列历史数据的气溶胶光学厚度反演算法（AOD retrieval using time series historical remote sensing data，AODuts）。产品用到的数据源为 MODIS-Terra/Aqua、AVHRR-NOAA/Metop、VIRR/MERSI-FY-3A/3B、VIIRS-NPP 标准产品及其云掩膜产品。遥感数据的组网方式：以上遥感数据按照天输入，数据之间没有协同和融合，独立生成产品。图 5.10 给出了气溶胶光学厚度产品生产的流程图。地表反射率除了在雨雪天气下会发生急剧变化外，其他时候地表反射率都是缓慢变化的，在信号学上表现为低频信号；而每天甚至每个小时的气溶胶都会随着气溶胶源和天气状况的改变而快速变化，在信号学上表现为高频信号，因此，时间序列的遥感图像是由缓慢变化的地表信号与快速变化的气溶胶信号叠加形成的。如果我们能够提取出低频变化的地表信号，则能成功地分离出高频的气溶胶信号，从而实现气溶胶光学厚度的精确反演。充分利用高低频信号分离方法来实现气溶胶光学厚度反演是本算法的创新之处。图 5.11 给出了一个点上表观反射率时间序列的实例，可以看出最底部的点受到气溶胶的影响最小，表现出地物的缓慢变化趋势，其他点都受到不同强度气溶胶的影响，从而偏离了地表的变化趋势；只要将时间序列信号的底部包络线提取出来就得到了地表的变化趋势（低频信号），通过计算其他点与包络线的距离就可以得到偏离点处的气溶胶光学厚度。

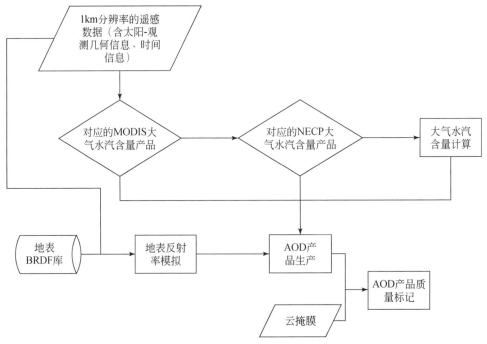

图 5.10　1km AOD/气溶胶光学厚度产品生产流程

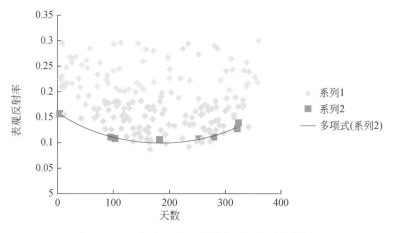

图 5.11　一个点上表观反射率时间序列的实例

注：蓝色点为表观反射率，红色点为拟合包络线所用的表观反射率点，黑色线为拟合得到的包络线（地表变化趋势线）

图 5.12 给出了 2012 年第 200 天的全球表观反射率（图 5.12（a））拼图，以及利用该算法反演得到的对应的全球陆表 AOD（图 5.12（b））。

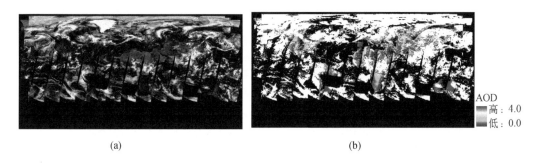

(a)　　　　　　　　　　　　　　　　(b)

图 5.12　2012 年第 200 天的全球表观反射率与反演得到的 AOD

图 5.13 利用该方法反演得到了全国的 AOD，并与 MODIS 的 AOD 产品进行了对比。图 5.14 展示了利用北京和香河站的地基 AOD 观测结果对该算法的结果进行的对比验证。结果表明本算法具有以下优点。

（1）能够反演全地表下的 AOD，而 MODIS 在高亮地表区域基本没有值；

（2）利用地面实测值与反演得到的 AOD 进行对比验证，发现本算法的精度较高，与地面实测值之间具有高度一致性。

2）下行短波辐射／光合有效辐射

下行短波辐射 (downward shortwave radiation, DSR) 是指太阳辐射 (0.3~3.5μm) 穿过大气层到达地表部分的入射能量。光合有效辐射 (photosynthetically active radiation, PAR) 是指太阳辐射中 400~700nm 的部分太阳辐射能量。算法名为 Polar-Geostationary satellite combined DSR/PAR estimation。产品用到的数据源：中低纬度地区 (60°S ~ 60°N) 采用静止卫星＋极轨卫星组网策略；高纬度地区 (60°~90°S 和 60°~90°N) 采用极轨卫星组网策略。

数据源包括静止卫星可见光及红外波段定标数据、气溶胶类型、地表反照率、冰雪产品、DEM、极轨卫星水汽产品、云产品 (云掩膜和云光学厚度)。

下行短波辐射和光合有效辐射的总体技术思路为：首先进行云天 / 晴空模式判别，云天模式需要进行云光学厚度 (τ_c) 反演，晴空模式需要反演 AOD 及大气总可降水量。以大

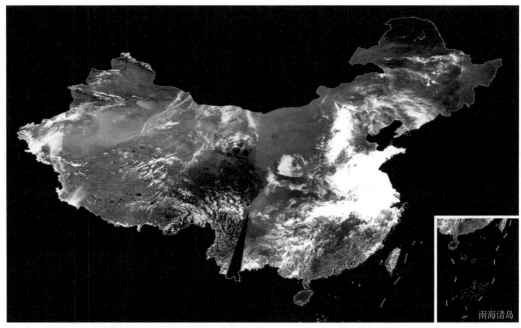

(a)中国区域表观反射率真彩色（MODIS1、MODIS4、MODIS3波段合成）合成图

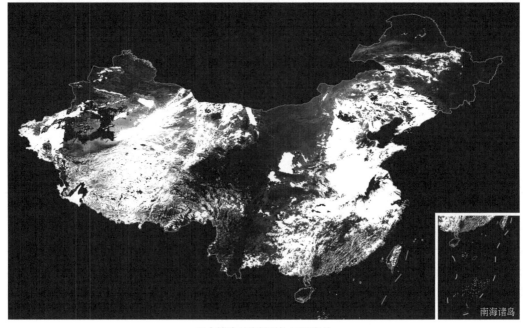

(b)本算法反演得到的AOD产品

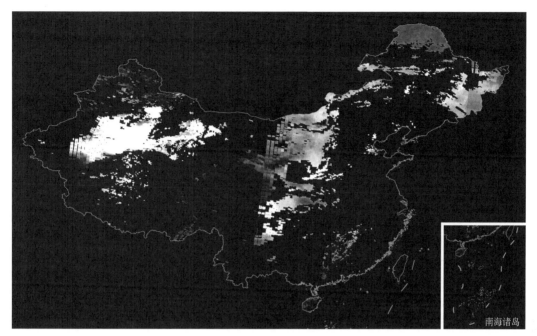

(c)MODIS的AOD产品

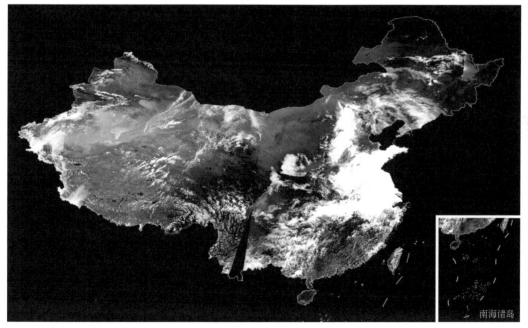

(d)利用反演得到的AOD产品对原始图像进行大气校正以后真彩色合成的MODIS图像

图 5.13　本算法反演 AOD 与 MODIS 反演 AOD 产品的对比

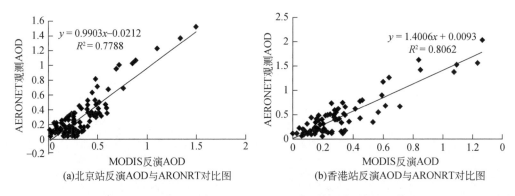

(a)北京站反演AOD与ARONRT对比图　　(b)香港站反演AOD与ARONRT对比图

图 5.14　反演 AOD 与 AERONET 地面观测值之间的对比验证

气辐射传输模型为基础，分别构建晴空条件下大气状况与下行短波辐射 / 光合有效辐射的查找表 (LUT- 晴空)，云天条件下大气状况与下行短波辐射 / 光合有效辐射的查找表 (LUT- 云天)，利用分裂窗算法实现大气水汽反演。在实现 τ_c、水汽、AOD 反演的基础上，利用查找表插值得到瞬时下行短波辐射 / 光合有效辐射，采用时间积分的方法获得每 3 小时及每日下行短波辐射 / 光合有效辐射，同时从不同时间 / 空间尺度对模型反演结果进行验证。本算法的具体技术路线如图 5.15 所示。

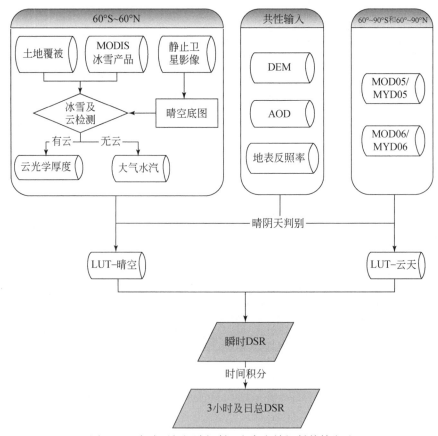

图 5.15　全球下行短波辐射 / 光合有效辐射估算方法

对于全球 DSR 产品的生产，需要由全球的 5 颗静止卫星（MST2、FY-2E、GOES-13、GOES-15、MSG2，用以生产中低纬度的产品）和极轨卫星（MODIS，用以生产高纬度的产品）构成。60°S~60°N 的区域采用静止卫星数据，60°~90°S 和 60°~90°N 的区域采用极轨卫星数据。

5km 高纬度地区和 1km 下行短波辐射 / 光合有效辐射的算法思路类似，即采用简化的大气透过率模型作为反演算法，分别针对晴空模式和云天模式采用不同的参数化方案，考虑大气中水汽、气溶胶、臭氧、云等对下行短波辐射 / 光合有效辐射的削弱作用，以及地表大气之间的多次散射。

瞬时辐射验证：采用中国科学院遥感与数字地球研究所怀来遥感综合试验场对光合有效辐射估算结果进行验证，利用美国 SURFRAD 的 7 个站点对下行短波辐射估算结果进行对比验证，各站点的验证结果如图 5.16 和图 5.17 所示。SURFRAD 站点在晴天条件下，瞬时短波辐射估算值与观测值间的 RMSE 为 79.96 W/m²，R^2 为 0.94；在有云条件下，估算值与观测值间的 RMSE 为 127.56 W/m²，R^2 为 0.69。怀来站点在晴天条件下，估算的瞬时光合有效辐射与观测值间的 RMSE 为 25.85 W/m²，R^2 为 0.98；在有云条件下，估算值与观测值间的 RMSE 为 50.57 W/m²，R^2 为 0.87；在所有天气条件下，总的估算值与观测值间的 RMSE 为 45.72 W/m²，R^2 为 0.90。以及美国的 SURFRAD 站点进行验证，各站点的验证结果如图 5.16 所示。在晴天条件下，估算的瞬时光合有效辐射与观测值间的 RMSE 为 25.85W/m²，R^2 为 0.98；在有云条件下，估算值与观测值间的 RMSE 为 50.56W/m²，R^2 为 0.87；在所有天气条件下，总的估算值与观测值间的 RMSE 为 45.72 W/m²，R^2 为 0.90。SURFRAD 网络 PSU 站点的 RMSE 为 96.23W/m²，MBE 为 19.91 W/m²，R^2 为 0.90。

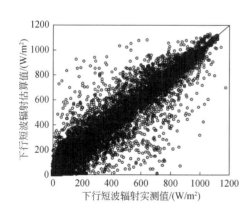

图 5.16　SURFRAD-PSU 站点短波辐射验证结果

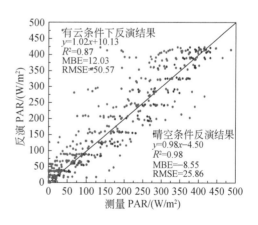

图 5.17　怀来站点 PAR 验证结果

3 小时及日总辐射验证：利用怀来试验观测站对 3 小时辐射估算结果进行评估验证，结果如图 5.18 所示，3 小时辐射的相关系数为 0.93。利用国家气象辐射观测网对日总短波辐射的验证结果进行了对比分析，验证结果如图 5.19 所示，总体相关系数为 0.86，总体偏差为 10.13 W/m²(5.86%)，均方根误差为 35.83 W/m²(20.72%)，且数据都均匀分布在 1∶1

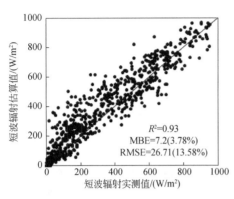
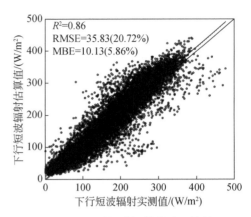

图 5.18 3 小时下行短波辐射验证结果　　　　图 5.19 日总短波辐射的验证结果

拟合线两侧，误差的分布范围为 –196 (–66.32%) ~ 187 W/m² (134.15%)。

日总光合有效辐射验证：选取全国太阳辐射实测数据并将其转换为 PAR，同时剔除 MCD43C2 地表反照率的 "NODATA" 天数，以及卫星数据不全或图像质量问题造成的缺失天数，将实际有效数据与相应的观测值进行对比验证。华东 / 华中地区和东北 / 华北地区日估算值与实测值的 MBE 为 5.02~ 8.27W/m²，RMSE 为 25.89~17.13 W/m²，相关系数 R^2 在 0.86 以上；西北地区的 MBE 为 9.60 W/m²，RMSE 为 19.36 W/m²；而西南山区 (云贵高原、四川、重庆等地区) 由于地形的影响，估算值较实测值偏低，其 MBE 为 –0.16 W/m²；青藏高原由于特殊的地形与大气特征，估算的日总 PAR 与实测值的平均偏差为 2.02 W/m²，RMSE 为 20.92 W/m²，相关系数为 0.75。

利用上述算法对全球的下行短波辐射进行估算，60°~60°N 的下行短波辐射产品空间分布如图 5.20 所示，60°~90°N 的下行短波辐射空间分布如图 5.21 所示。中低纬地区的下行短波空间分布主要受云量变化的影响，以地形影响为辅；而高纬地区的下行短波辐射主要受太阳高度角和冰雪等下垫面的影响。

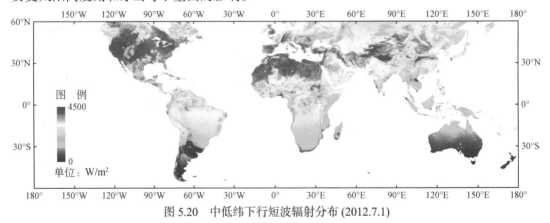

图 5.20 中低纬下行短波辐射分布 (2012.7.1)

3）下行长波辐射

下行长波辐射（downward longwave radiation, DLR）定义为，整层大气发射和反射的

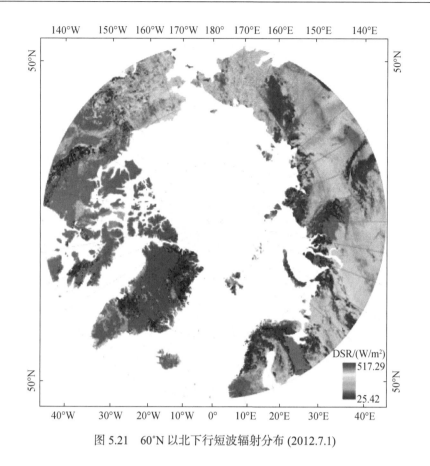

图 5.21　60°N 以北下行短波辐射分布 (2012.7.1)

到达地球表面的热红外辐射通量（3.5~50μm）。该产品的实现算法为基于热红外亮温的晴天算法（简写为 Yu2013 算法）、Zhou-Cess 提出的基于云液态水含量的全天候算法（简写为 Zhou-Cess 算法），以及 Gupta 等提出的基于云底温度的全天候算法（简写为 Gupta2010 算法）。产品用到的数据源包括静止卫星原始数据（MTSAT-2、FY-2E、GOES-13、GOES-15、Metesat-9）、极地地区的 MODIS 数据和产品、像元经纬度和观测角度、NCEP 大气再分析数据、5km 地表分类数据、5km 地表高程数据。5 颗静止卫星覆盖不同区域，MODIS 覆盖极地区域，共同覆盖全球。60°S~60°N 和极地区域的算法流程如图 5.22 和图 5.23 所示。

　　现有下行辐射产品的误差主要来源于输入大气参数和云参数误差及算法不完善导致的误差。Musyq 产品相对于现有辐射产品在如下方面进行了改进：①现有辐射产品的关键大气参数来源于大气再分析数据，其空间分辨率为 0.5°~1°，在气候不均一的区域存在较大误差。遥感反演大气产品具有高空间分辨率和低垂直分辨率，大气再分析数据具有高垂直分辨率和低空间分辨率，本产品组合使用这两种大气产品以获取高质量的大气输入参数。②现有辐射产品采用单一参数化方法，本产品组合运用了两个参数化算法和一个传感器算法（Yu2013 晴空算法），根据云覆盖状况和昼夜情况选择对应算法。其中，Yu2013 晴空模型用于晴空且未受有云像元影响的情况，Zhou-Cess 晴空算法用于热

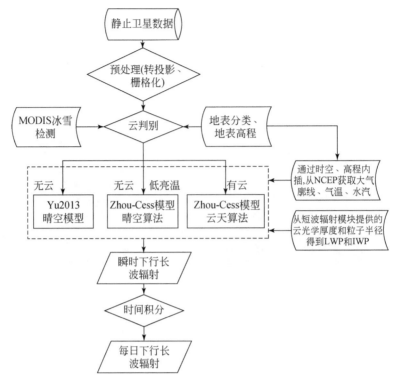

图 5.22 5km 下行长波辐射产品生产流程（60°S~60°N）

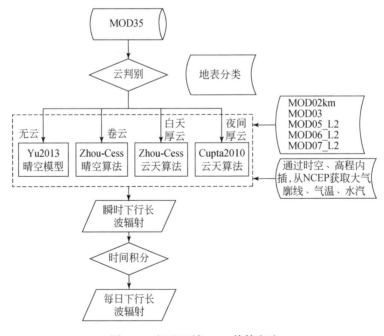

图 5.23 极地区域 DLR 估算方法

红外亮温受到云影响的晴空像元，Zhou-Cess 云天算法用于白天有云像元，Gupta2010 云天算法用于夜间有云像元。③本产品提出了基于热红外亮温的晴空算法（Yu2013 晴空模型），Yu2013 晴空模型是一个利用卫星 TOA 热红外数据和大气参数反演 DLR 的普适性算法。现有的基于传感器的算法存在物理意义不明确、干旱区由于地表温度高于气温而引起的 DLR 高估，以及仅能用于多个热红外通道卫星的问题。针对上述问题，Yu2013 晴空模型做出了以下改进：采用了物理意义更明确的参数化形式；通过考虑地气温差改善了干旱区高估的问题；由于大气温度空间变异性大，采用卫星热红外数据进行近似；而大气湿度空间变异性小，则采用分辨率较粗的大气再分析数据来计算，从而算法可用于只有一个热红外通道的卫星。

　　图 5.24 和图 5.25 为 60°S~60°N 和极地区域的下行长波辐射产品。60°S~60°N 产品时空分辨率为 3h/d 和 5km，极地区域产品时空分辨率为每天和 5km。

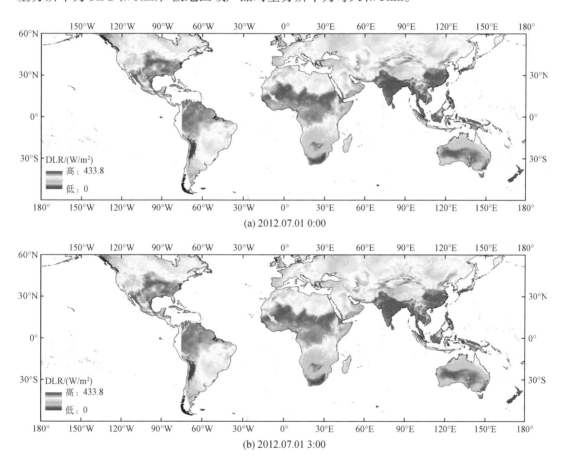

图 5.24　60°S~60°N 5km 下行长波辐射 3 小时产品示意图

4）地表短波净辐射

　　地表短波净辐射（net surface shortwave radiation，NSSR）是指地表短波下行辐射与地表短波上行辐射之差，为地表所吸收的短波辐射部分，波长范围一般为 0.3~3.5μm。地表

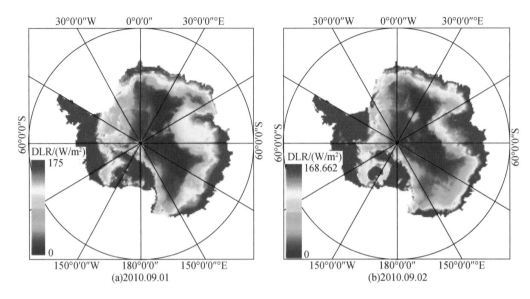

图 5.25　南极区域 5km 下行长波辐射日合成产品

长波净辐射（net surface longwave radiation，NSLR）是指地表所接收到的长波下行辐射与地表发射的长波辐射之差，为地表所吸收的长波辐射部分，波长范围一般为 3.5~50.0μm。地表净辐射（net surface radiation，NSR）是指地表短波净辐射和地表长波净辐射之差，为地表吸收的总的辐射能量，波长范围是 0.3~50.0μm。该产品的实现算法名为多传感器联合的地表净辐射反演算法（Multi-sensor Combined NSR Inversion，MCNI）。该算法基于现有的一维平行平面辐射传输模型 MODTRAN 进行改进，结合人工神经网络以期更快速、有效地同步得到各地表短波辐射参量。采用较为准确的全局定量敏感性分析方法来确定各关键参数，进而确定改进的辐射传输模型的具体输入参数。在晴空条件下，通过输入地表辐射量的关键遥感参数，如地表反照率、大气温湿度廓线、气溶胶光学厚度等，借助于已有的辐射传输模型能够实现地表短波各辐射参量的直接估算；若无法获得这些关键参数，或只能得到部分参数，则考虑采用大气辐射传输模型中的默认参数。在有云覆盖的情况下，使用云层高度、光学厚度、云盖度等关键参数，结合太阳 – 云 – 观测的几何关系，利用改进的辐射传输模型计算出地表短波辐射分量。地表长波净辐射的估算方法也是利用了 MODTRAN 模拟与神经网络相结合的方式，发展适用于不同海拔、不同地表覆盖类型的水平地表长波辐射分量的直接估算方法。该算法也分为晴空和有云两种情况，分别进行建模和反演，其中，有云条件下的地表长波净辐射的估算利用了短波净辐射的估算结果。产品用到的数据源：静止卫星 MSG-2、FY-2E、MTSAT、GOES-W、GOES-E 的标准产品；极轨卫星 MODIS 的标准产品；遥感数据的组网方式与数据所在反演周期相同。图 5.26 和图 5.27 分别为 5km 地表净辐射的生产流程，以及基于该流程生产的青藏高原地区短波净辐射产品。

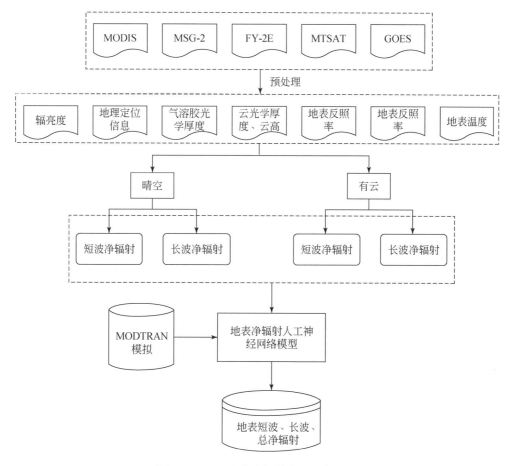

图 5.26　5km 地表净辐射产品生产流程

图 5.27　青藏高原地区地表短波净辐射

5.2　植被结构与生长状态产品多源融合生产技术

5.2.1　概述

植被参数显著影响地表与大气之间的物质与能量交换，是进行全球变化研究的重要基础数据。在区域和全球陆地生态系统碳水循环模拟研究中，需要大量植被参数作为驱动陆面模式最重要的变量。为此，在区域和全球尺度开展植被参数的定量反演，按照研究需求快速获得植被参数成为限制全球变化研究的重要因素。

植被参数定量遥感产品（简称植被产品）包括植被精细分类、植被指数（VI）、叶面积指数（LAI）、植被覆盖度（FVC）、光合有效辐射吸收比例因子（FPAR）、净初级生产力（NPP）、叶绿素含量、物候期8个参数的不同尺度的产品，以满足全球和重点区域的产品生产任务。为了提高产品时空分辨率和精度，产品算法利用全球卫星组网数据提供的多源、多波段、多角度和多时段卫星数据，发展多源卫星数据的协同反演方法，有效提高现有产品的时空分辨率。

考虑到全球和区域应用对产品尺度需求的不同，植被产品体系中包括3种尺度的产品，产品的空间分辨率由低到高分别为1km、300m和30m，其中，1km产品主要面向全球产品生产，以满足全球和大区域的应用目标，而300m和30m产品则主要用于区域生产，以满足重点区域和实验区的需求。全球1km产品基于Terra/MODIS、Aqua/MODIS、FY-3A/MERSI、FY-3B/MERSI、FY-3A/VIRR、FY-3B/VIRR等多源遥感数据集；而重点区域30m产品基于Landsat/TM、Landsat-8/OLI、HJ-1/CCD卫星等多源遥感数据集；300m尺度只有一个植被净初级生产力产品。多源遥感数据集植被参数定量遥感产品每个参数的产品关系如图5.28所示。

1km分辨率产品有6个，时间分辨率为5天，主要数据源为Terra/MODIS、Aqua/MODIS、FY-3A/MERSI、FY-3B/MERSI、FY-3A/VIRR、FY-3B/VIRR等卫星数据。

（1）1km植被精细分类产品，MuSyQ.VSC.1km。

（2）1km合成植被指数产品，MuSyQ.VI.1km。

（3）1km植被覆盖度产品，MuSyQ.FVC.1km。

（4）1km叶面积指数产品，MuSyQ.LAI.1km。

（5）1km光合有效辐射吸收比例产品，MuSyQ.FPAR.1km。

（6）1km植被净初级生产力产品，MuSyQ.NPP.1km。

300m分辨率产品只有1个产品，即300m植被净初级生产力产品，基于本系统生产的30m和1km多个参数产品，生产时间分辨率为10天的NPP产品；300m植被净初级生产力产品，MuSyQ.NPP.300m。

30m分辨率产品有5个：时间分辨率为10天，数据源为Landsat/TM、Landsat-8/OLI、HJ-1/CCD等卫星数据。

（1）30m植被精细分类产品，MuSyQ.VSC.30m。

（2）30m合成植被指数产品，MuSyQ.VI.30m。

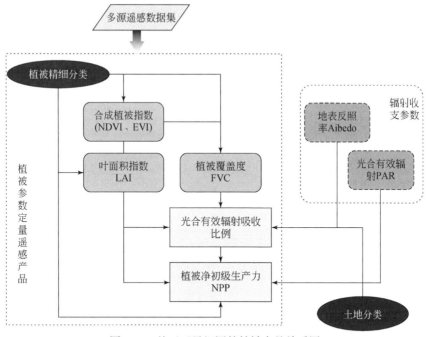

图 5.28　基于卫星组网的植被产品关系图

（3）30m 植被覆盖度产品，MuSyQ.FVC.30m。

（4）30m 叶面积指数产品，MuSyQ.LAI.30m。

（5）30m 光合有效辐射吸收比例产品，MuSyQ.FPAR.30m。

植被产品包括植被精细分类、植被指数、植被覆盖度、叶面积指数、物候期、叶绿素含量、光合有效辐射吸收比例、植被净初级生产力，产品规格包括全球尺度的 1km 分辨率产

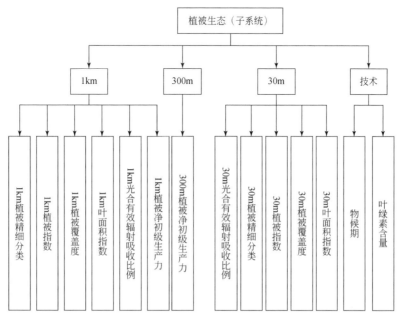

图 5.29　植被参数定量遥感产品设计

品和区域尺度的 30m 产品和 300m 产品。在植被产品生产子系统中，所有产品模块集成的示意图如图 5.29 所示。

多源遥感产品之间存在不同层级和互相调用的关系，图 5.30 以 1km 和 30m 的产品为例，表达了产品生产过程中的先后顺序、输入输出，以及层级和调用关系。以数据处理分系统产生的归一化数据产品为基础输入数据，产品生产流程共分为 3 级，最终得到全球或者重点区域的植被净初级生产力产品。

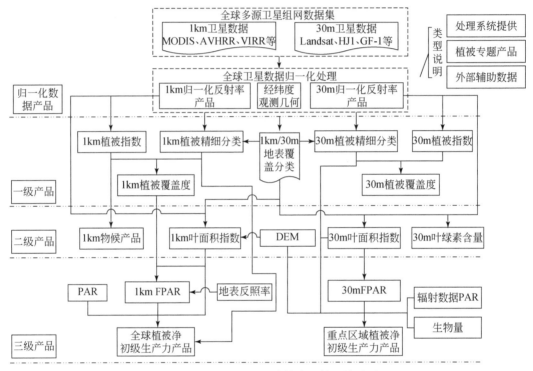

图 5.30 不同尺度植被参数产品体系关系图

5.2.2 植被精细分类

植被精细分类产品是全球变化等相关领域研究的基础。但现有分类体系并不是针对定量遥感产品设计的，因此，需要针对定量遥感产品生产设计新的分类体系，为全球变化、粮食估产、森林生物量估算等应用提供精细的植被分类需求。新植被精细分类体系主要参考 IGBP 全球土地覆盖类型，将土地覆盖类型分为 11 个一级类，36 个二级类，表 5.1 包括各类别的编码、代表的地表覆盖类型。

1）1km 植被精细分类产品

1km 植被精细分类产品算法基于一种多时相遥感数据和光谱数据的全球精细植被分类方法（康峻等，2014）。算法基于多源遥感数据时序 1km 反射率产品，利用生成的增强植被指数的图斑作为研究单位，通过对同类土地覆盖类型的图斑的统计特征值（均值、方差等）进行统计检验，判断土地覆盖是否发生变化；利用检测出的变化图斑，采用最小距离监督分类的方法更新原土地覆盖产品；利用光谱数据对得到的新的土地分类数据中的植被部分进行最小距离监督分类，得到植被精细分类数据，与非植被数据进行合并，得到 1km 植被精细分类成果图（图 5.31）。

表 5.1　植被精细分类体系

编号	属性	代码	属性	代码	属性	代码	属性	代码	属性	代码	属性	代码	属性	代码	属性	代码	属性	代码
1	耕地		水稻田	11	小麦	12	玉米	13	农地自然植被镶嵌	14	大棚养植	15	其他农地	16	土豆	17	油菜	18
2	森林		落叶阔叶林	21	常绿阔叶林	22	落叶针叶林	23	常绿针叶林	24	混交林	25						
3	草地		草地或禾本植物	31	有森林草原	32	稀树草原	33										
4	灌丛地		封闭灌丛	41	敞开灌丛	42												
5	湿地		永久湿地	51	淤泥滩涂	52												
6	水体		湖泊	61	水库/鱼塘	62	河流	63	海水	64								
7	苔原		灌丛苔原	71	禾本苔原	72												
8	人造覆盖		不透水覆盖-高反照率	81	不透水覆盖-低反照率	82												
9	裸地		盐碱地表	91	沙地	92	砾/岩石地	93	裸耕地	94	干河/湖床	95	裸土地	96				
10	积雪或冰		积雪或粒雪	101	冰盖或冰川	102												
11	云	120															
	背景	0															

　　1km 植被精细分类产品算法充分利用已经有的土地覆盖产品数据和植被光谱库数据，发展土地覆盖变化自动检测技术，并对检测出发生变化的地块进行重新分类，提高新时期的植被精细分类产品的生产速度，此外，算法不纯粹基于遥感图像上像元的辐射值进行计算和处理，在一定程度上可以提高遥感信息处理的精度。

　　验证数据采用 2012 年 MCD12Q1 土地覆盖产品，以宁夏回族自治区作为试验区，生产 2012 年第二季度植被精细分类产品，总体精度达到 90.03%；以根河和额尔古纳市作为试验区，除植被的生产者精度（26.00%）和草地的用户精度（55.91%）外，其余森林、作物、草原和非植被类型的生产者精度和用户精度均达到 75% 以上。

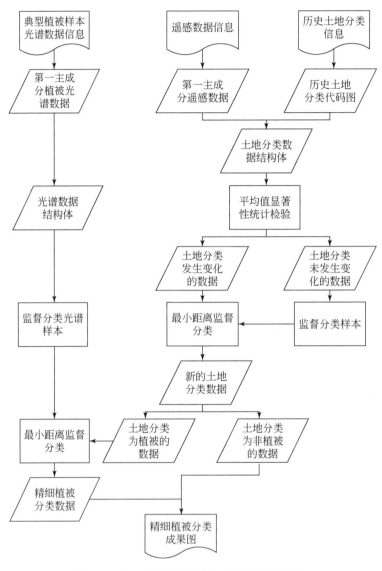

图 5.31　1km 植被精细分类产品算法技术路线

2）30m 植被精细分类产品

30m 植被精细分类产品采用 SVM 分类算法和分层分类策略。采用 libSVM 分类工具，利用交叉验证的方法，确定分类器参数；相同区域、同一季度若有多景影像（或多源影像），则对每个分类结果进行投票决策，票数多的类别为决策类别。考虑到植被具有鲜明的层次体系，所以采用分层分类的策略，即根据植被精细分类方案和研究区域的样本，首先对一级植被覆盖类型进行分类，对于含有二级植被类型的情况，在一级分类结果的基础上，在各二级植被所属一级植被覆盖范围内分别进行精细分类，形成最终的分类产品（图 5.32）。

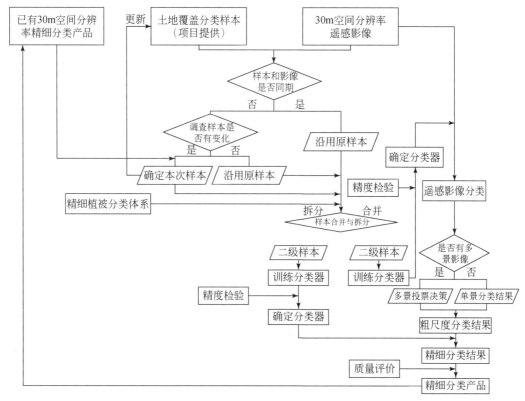

图 5.32　30m 植被精细分类产品算法技术路线

30m 植被精细分类产品使用我国 HJ-1/CCD 卫星数据参与分类,与 Landsat 系列数据形成多传感观测网,提供的多时相数据有利于提高分类精度。此外,在算法实施过程中,根据两期影像的差异剔除不可靠样本,结合已有产品的质量评价补充样本,实现样本的动态更新,在一定程度上减少定期大量实地获取样本的难度和成本。

结合湖北三峡区域实地调查数据和目视判读结果,2008 年第四季度产品总体精度为83.4%。利用黑河流域西南部地区实地观测离散样本对各季度精细分类产品进行检验,4个季度精细分类一级产品总体精度高于 87.3%,二级产品总体精度高于 86.15%。

5.2.3　植被指数

植被指数包括归一化植被指数(normalized difference vegetation index,NDVI)和增强型植被指数(enhanced vegetation index,EVI),具体公式为

$$\text{NDVI} = \frac{\rho_{\text{nir}} - \rho_{\text{red}}}{\rho_{\text{nir}} + \rho_{\text{red}}} \tag{5-7}$$

$$\text{EVI} = G \times \frac{\rho_{\text{nir}} - \rho_{\text{red}}}{\rho_{\text{nir}} + C_1 \times \rho_{\text{red}} - C_2 \times \rho_{\text{blue}} + L} \tag{5-8}$$

植被指数合成是指在适当合成周期内选出植被指数最佳代表，合成一幅空间分辨率、大气状况、云状况、观测几何、几何精度等影响最小化的植被指数图像。

1km 和 30m 合成植被指数产品采用基于多传感器数据集的植被指数合成算法 (李静等，2015)。但由于传感器的观测噪声、残云等因素的影响，预处理后的多角度数据集会存在一些噪声及误差较大的观测，因此，算法首先对多传感器输入数据进行质量分级，利用基于带 NDVI 权重的核系数稳健拟合的质量分级方法 (Zeng et al., 2016)，将合成像元在合成周期内的多源观测数据集分为 3 个质量等级（图 5.33）。通过迭代方法逐渐去除残差大的观测，逼近观测数据所表征的 BRDF 特性，直到所有观测与核系数拟合的 BRDF 的残差在迭代中的变化小于一定阈值。当某一观测在角度归一化之后的 NDVI 与基准值的相对残差小于 10% 时，则认为该观测为一级质量观测，是具有较好的一致性的观测；相对残差小于 20% 为二级质量，通常是具有一定误差的观测；其他观测为三级观测，为误差较大的噪声数据。三级质量数据通常由残云的存在或者传感器的噪声所导致。

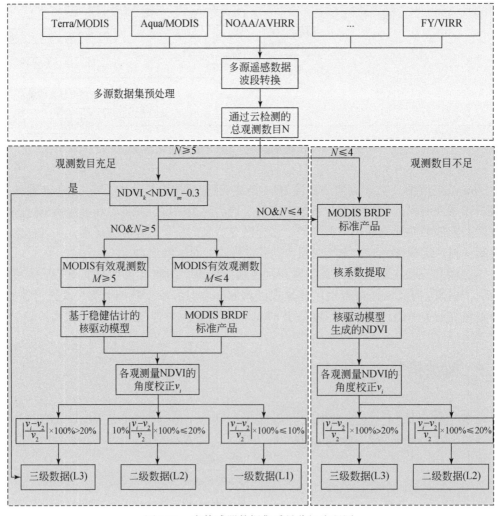

图 5.33 多传感器数据集质量分级流程图

　　基于多传感器数据集的植被指数合成算法以各合成周期内经过预处理后的不同传感器观测作为输入数据,当输入数据至少有 5 个最优观测时采用基于半经验的 Walthall 模型BRDF 拟合法;如果一级数据有至少 5 个观测,或者一级数据不足 5 个,但一级数据和二级数据一共有至少 5 个观测,则都采用 BRDF 合成法。当一级数据和二级数据不足 5 个时,将分别选用平均合成算法(MC)、直接计算植被指数方法(VI)和最大值合成算法(MVC)作为备用算法确定合成值(图 5.34)。利用本算法生产 2014 年全球 1km/5d MuSyQ 植被指数(NDVI 和 EVI)产品(图 5.35 和图 5.36)。

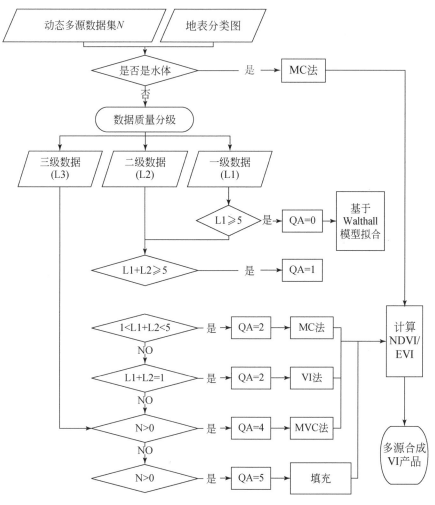

图 5.34　合成植被指数产品算法技术路线

　　目前,基于单传感器数据生产的全球合成植被指数产品最主要的问题是合成周期过长,1km 尺度最优的全球植被指数产品时间分辨率为 10 天,MODIS 产品为 16 天,因此,利用目前在轨的多卫星观测,提高单位时间内的观测次数,是提高合成产品时间分辨率的一个有效途径,基于多传感器数据集的合成植被指数产品将产品时间分辨率提高到 5 天。虽然多传感器数据集可在有限时间内提供比单传感器更多的角度和更多次的观测,但是,由

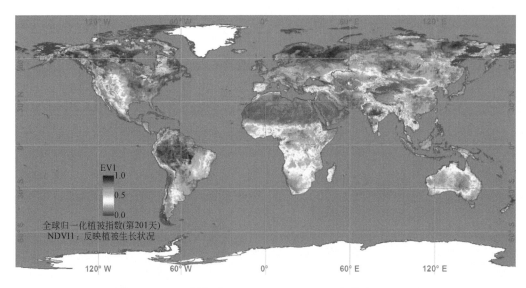

图 5.35　2014 年全球 1km/5d MuSyQ NDVI 产品（DOY201）

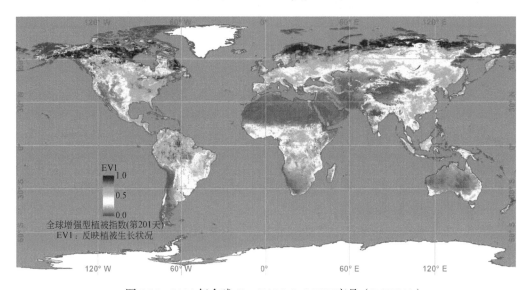

图 5.36　2014 年全球 1km/5d MuSyQ EVI 产品（DOY201）

于传感器的在轨运行时间和性能差异，多传感器数据集的观测质量参差不齐，算法提出的利用基于带 NDVI 权重的核系数稳健拟合的质量分级方法能够对多传感器数据进行有效判断，降低参与植被指数合成源数据的误差。

　　将 ASTER 预处理后的反射率数据聚合到 1km 分辨率，计算升尺度植被指数，作为地面参考值对 MuSyQ 产品进行验证。相比基于 MODIS 或 FY 单源数据，MuSyQ NDVI 产品与参考图的决定系数（R^2）分别从 0.337 或 0.107 提高到 0.395，表明 MuSyQ NDVI 与参考图的相关性更好。MuSyQ NDVI 产品均方根误差（RMSE）为 0.102，拟合残差（residual）为 0.038，整体上小于基于 MODIS 或 FY 单源数据生成的产品。

5.2.4　植被覆盖度

植被覆盖度（fractional vegetation cover，FVC）是反映地表植被覆盖信息的重要参数，是指示环境状态的关键性因子，通常被定义为植被（包括叶、茎、枝）在地面的垂直投影面积占统计区总面积的百分比。

1km 和 30m 植被覆盖度产品算法为基于 NDVI 的经验模型法 (穆西晗等，2015，2017)。植被覆盖度产品算法的基本出发点是以 MODIS 数据为主体，计算得到一套针对不同气候类型、不同土地类型和植被精细分类的 NDVI 到 FVC 转换系数表。对输入的 NDVI 指数采用相应的转换系数，通过 NDVI 到 FVC 非线性转换公式逐像元获得 FVC 产品（图 5.37 ）。利用本算法生产 2014 年全球 1km/5d MuSyQ FVC 产品（图 5.38 ）。

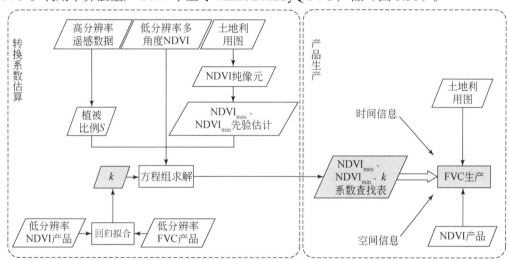

图 5.37　植被覆盖度产品算法技术路线

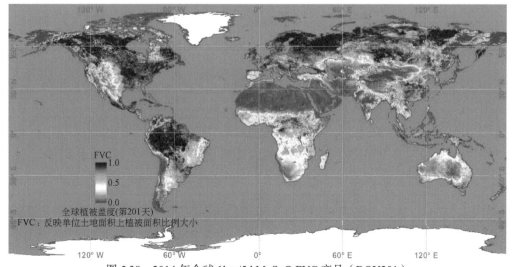

图 5.38　2014 年全球 1km/5d MuSyQ FVC 产品（DOY201 ）

1km 和 30m 植被覆盖度产品算法从遥感光学信号转换到植被本身生物物理特征参量的角度进行研究。NDVI 到 FVC 转换系数的计算是算法的核心内容，算法结合低分辨率数据时间分辨率高和高分辨率数据的空间分辨能力强的优势，将全国分为不同植被区划、地类，提前计算转换系数，提高了产品生产计算的效率和更新的难易程度。

MuSyQ 30m FVC 产品与中国科学院怀来遥感综合试验站地面测量数据结果偏差小于0.1，并且与东北、华北、东南地区的多个流域植被盖度地面测量结果整体误差在 0.2 以内。MuSyQ 1km FVC 产品与黑河流域 ASTER FVC 参考值趋势上较为一致，比 GEOV1 产品更接近实测数据。

5.2.5 叶面积指数

叶面积指数（leaf area index, LAI）是描述植被的核心参数之一。LAI 决定了地气之间交互作用的有效截面，与植被的蒸腾作用、光和作用、降水截取和净初级生产力等密切相关。

1）1km LAI 产品

1km LAI 产品算法利用多源数据集提供的最优观测数据，建立基于不同观测的数据个数和数据质量使用不同神经网络的算法体系（图 5.39）（李静等，2015b；Yin et al.，2015）。参考植被指数合成算法，首先利用基于带 NDVI 权重的核系数稳健拟合的质量分级方法 (Zeng et al., 2016)，将合成像元在合成周期内的多源观测数据集分为 3 个质量等级。根据质量分级，针对一级质量观测，训练了噪声相对较小的一级网络，以得到较高的反演精度；对具有一定噪声的二级质量观测，训练了一定噪声水平的二级网络进行反演，以得到较合理且稳定的反演结果。为提高不同植被类型的神经网络的反演精度，算法区分了森林和非森林两种类型，对森林采用 GOST 模型，对非森林采用 SAIL 模型。对山区植被采用了考虑坡度坡向的 GOST 模型分别训练网络。利用本算法生产了 2014 年全球 1km/5d MuSyQ LAI 产品（图 5.40）。

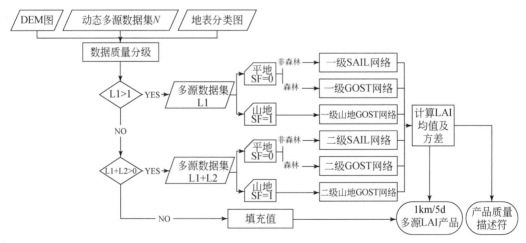

图 5.39　1km LAI 产品算法技术路线

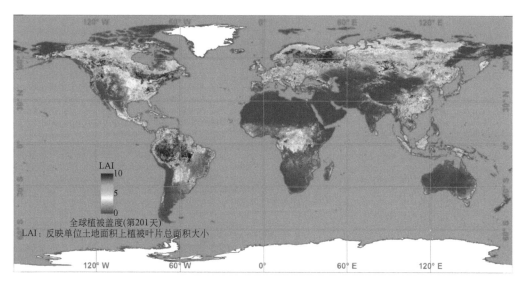

图 5.40　2014 年全球 1km/5d MuSyQ LAI 产品（DOY201）

目前，现有的 LAI 产品算法对全球复杂地表缺少针对性的设计和考虑，虽发展了针对不同植被结构特征的模型，但产品算法中仅使用单一模型，对山区复杂的地形效应缺少针对性的模型和反演算法，因此，MuSyQ LAI 算法对平地和山地、森林和非森林分别进行模拟和反演。此外，现有的全球 LAI 产品算法并没有实现真正的跨传感器的多源观测的联合使用，主要受限于在轨卫星传感器性能差异，以及预处理算法精度不高，因此，有必要对多传感器数据集进行质量筛选，挑选高质量的地表反射率数据参与 LAI 反演，提高 LAI 产品反演精度和时间分辨率。

利用地面实测数据得到的 LAI 高分参考图聚合后对 MuSyQ LAI 产品进行直接验证，在农田和森林植被类型下，MuSyQ LAI 产品与 LAI 高分参考图的 R 分别为 0.67 和 0.58，RMSE 分别为 0.43 和 0.52。并与 MODIS、GLASS 和 GEOV1 LAI 产品进行交叉验证，现有 LAI 产品时间分辨率一般大于 8 天，MuSyQ LAI 产品将时间分辨率提高到 5 天，能够更好地反映植被长势的动态变化，而且 MuSyQ LAI 产品时空连续性强，与地面 LAI 参考值在时间序列上最为接近。

2）30m LAI 产品

30m LAI 产品反演方法基于考虑植被聚集效应的统一冠层模型 (闫彬彦等，2012)，利用地表分类图和 10 天内多传感器观测数据作为输入，经过数据质量检查后，选择合理观测数据基于统一模型查找表反演单传感器 LAI 结果 (Fan et al., 2010a, 2010b)。考虑到基于 HJ-1/CCD 和 Landsat-8/OLI 两种传感器所构建的多角度数据集有效观测存在观测角重合的情况，为避免信息重复，采用合成周期内所有单个观测反演结果的均值作为合成 LAI 值（图 5.41) (Zhao et al., 2015; 赵静等，2015)。

目前，常用的冠层辐射传输模型缺乏从机理上考虑聚集效应对冠层反射率的影响，闫彬彦等 (2012) 首次把描述叶片在空间分布上发生群聚现象的尼尔逊参数引入到 BRDF 表达式中建立统一模型，从模型上提高中高分辨率 LAI 反演精度。此外，制约 30m 分辨率

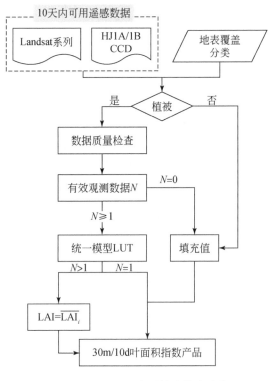

图 5.41　30m LAI 产品算法技术路线

LAI 遥感提取的主要因素是有限的观测个数，而联合多传感器观测是提高单位时间观测频次的一个有效途径，但是不同传感器的观测数据质量差异是多传感器联合反演的主要问题，因此，此算法首先对多传感器的数据进行质量筛选，降低输入数据的不确定性。

　　联合 HJ-1/ CCD 与 Landsat-8/OLI 传感器数据生产的 LAI 有效反演像元占总反演像元的比例由单传感器的 6.4%~49.7% 提高到多传感器的 75.9%。通过多传感器多角度数据的观测时相互补性，将 LAI 产品时间分辨率提高到 10 天。相比于 HJ-1/CCD（R^2=0.75，RMSE=1.01）和 Landsat-8/OLI（R^2=0.4，RMSE=0.74），单传感器 LAI 反演验证结果联合多传感器 LAI 反演结果与地面实测数据具有较好的一致性（R^2=0.9，RMSE=0.42）(Zhao et al., 2015)。

5.2.6　光合有效辐射吸收比例

　　光合有效辐射吸收比例 (FPAR) 是光合有效辐射穿过冠层到达地表又被反射，从冠层穿出过程中被冠层吸收的光合有效辐射占全部光合有效辐射的比例，由植被冠层生理生态特性和结构特性所决定。

1）1km FPAR 产品

1km FPAR 产品算法基于一种区分直射与散射的 FPAR 反演模型 (Li et al., 2015a, 2015b; 李丽等, 2015)。FPAR 反演算法以中低分辨率卫星组网数据, 以及 1km 分辨率 LAI、土地分类、地表反照率产品作为输入数据, 根据卫星过境时刻太阳天顶角信息, 计算冠层开放度和冠层孔隙率。根据太阳光在植被冠层的实际传输过程, 从 FPAR 定义出发构建直射 FPAR 与散射 FPAR 的瞬时 FPAR 反演模型, 反演晴空下植被冠层 FPAR。结合由静止卫星得到的云天条件下的云信息, 利用晴空时的地表反照率和直散射光比例, 推演云天条件下的 FPAR。最终合成全球 1km/5d FPAR 产品（图 5.42）。

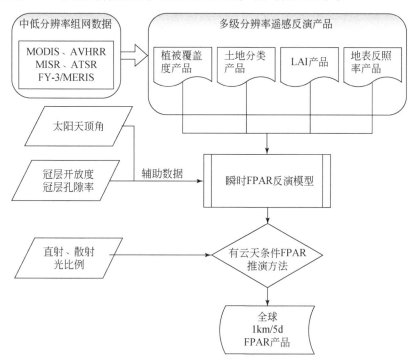

图 5.42　1km FPAR 产品算法技术路线

太阳辐射经过大气传输会被大气分子分割成太阳直射辐射与散射辐射, 尤其是在云天条件或阴天条件下, 散射光所占比例更大。目前, 现有的 FPAR 反演方法中并没有将太阳直射光与太阳散射光照射到植被冠层的 FPAR 分开表达, 这样会低估散射辐射对 FPAR 的贡献, 使得在云天条件或阴天条件下 FPAR 的反演误差增大, 因此, 基于能量守恒原理, 从 FPAR 的定义出发, 引入黑空反照率、冠层孔隙率、白空反照率和冠层开放度来分别建立冠层直射 FPAR 和散射 FPAR 的遥感反演方法, 从而提高 FPAR 的反演精度。

根据 FPAR 和 APAR 地面实测数据对产品进行直接验证, 结果表明, 黑河地区算法反演的 APAR 与观测的 APAR RMSE 为 80.17W/m^2, R^2 为 0.74; 怀来地区算法反演的 FPAR 与观测 FPAR 之间的 RMSE 为 0.11 W/m^2, R^2 为 0.87。MuSyQ FPAR 与 MODIS-FPAR 产品进行交叉对比, 使用 MuSyQ FPAR 比 MODIS FPAR 产品值高, 说明 MODIS FPAR 产品没有考虑散射辐射被植被冠层吸收的比例的部分。

2）30m FPAR 产品

30m FPAR 产品采用适用于不同植被类型、平地或山地的 FPAR 产品算法。算法考虑云、雾等因素的影响，引入直散射辐射比例参数，基于能量守恒原理的冠层 FPAR-P 模型，利用土地覆盖分类、多传感器反演 LAI 产品，以及土壤反射率、叶片反射率、聚集指数、G 函数等辅助数据进行 FPAR 产品生产。算法同时考虑到了地形影响，在利用 30m 分辨率地形数据计算出像元的平均坡度和坡向后，通过有效太阳高度角和直散射比例的计算，此算法适用于山区 FPAR 反演（图 5.43）。

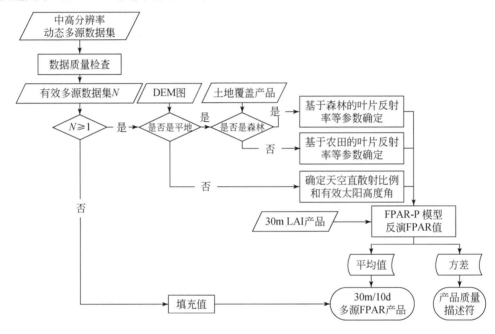

图 5.43　30m FPAR 产品算法技术路线

目前，中高分辨率的 FPAR 产品鲜有发布。在生产中高分辨率 FPAR 产品时，要求数据首先进行地形辐射纠正，对于较复杂的山区的坡度、坡向、阴影等因素对 FPAR 反演的影响缺少考虑。本算法利用多传感器生产的 LAI 产品，针对山区改进了 FPAR-P 模型的相关参数，形成适用于不同地形、天气条件的 FPAR 反演算法。

利用黑河流域 18 个样点的 FPAR 地面试验观测数据，对 30m 分辨率的 FPAR 遥感产品进行直接验证，验证结果表明 30m FPAR 遥感产品与地面试验观测数据具有高度的一致性，反演值和实测值间的误差小于 5%。

5.2.7　植被净初级生产力

植被净初级生产力（net primary productivity，NPP）能够反映植被固碳能力，决定了进入陆地生态系统的初始物质和能量。NPP 指绿色植物在单位时间单位面积上从光合作用产生的有机物质总量（GPP）中扣除自养呼吸（autotrophic respiration）后的剩余部分。

1）1km NPP 产品

1km NPP 产品算法完全基于卫星数据和相关产品，采用参数化模型与植物生理生态过程模型相结合的算法。算法基于光能利用率原理，利用各种卫星数据获得的光合有效辐射(PAR)、FPAR、叶面积指数 (LAI)、潜热感热等作为输入，湿度、含水量影响因素利用了植被水分指数，温度影响使用了 NECP 再分析气温产品，自养呼吸消耗掉的光合作用同化的碳根据植物地上生物量用半经验公式计算，利用 BIO-BGC 过程模型模拟最大光能利用率 (高帅等 , 2015)。全球 1km/5d NPP 产品算法技术路线如图 5.44 所示。

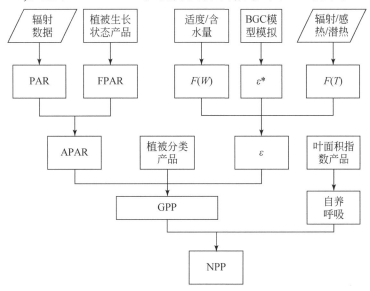

图 5.44　1km NPP 产品算法技术路线

基于卫星组网的全球 1km/5d NPP 计算模型，从而摆脱单一数据源对 NPP 产品质量的影响，充分利用多源遥感数据的互补性，构建基于卫星组网的多尺度、多层次的 NPP 估算模型，提高 NPP 模型的时效性和计算精度。另外，由于 MODIS NPP 产品是逐年的值，MuSyQ NPP 产品时间分辨率为 5 天，能够更好地反映出 NPP 的年内变化动态。

利用黑河地区大野口关滩森林站和盈科绿洲站 2008 年的 GPP 值作为地面验证数据，在植被生长期，阔叶林每天的 GPP 值在 3~4 gC/（m² · d），与森林站的观测较为相符。利用通量塔观测数据得到的 GPP 为 0~3，而 MODIS 产品在该地区明显偏高，而 MuSyQ GPP 产品的值略低于通量观测塔值，与理论模型结果近似，同时其时间变化趋势与实测较为一致。

2）300m NPP 产品

300m NPP 产品算法考虑植被自身的生物学特性和外界环境因子的共同影响，利用遥感反演的 30m 分辨率光合有效辐射吸收比例（FPAR）、叶面积指数（LAI）、土地覆盖分类图，以及 5km 分辨率光合有效辐射（PAR）、25km 分辨率土壤含水量，结合 0.25°的全球陆地数据同化系统（GLDAS）数据，通过时空尺度转换，基于光能利用率模型生产 300m/10d 重点区域的 GPP 和 NPP 产品（图 5.45）。

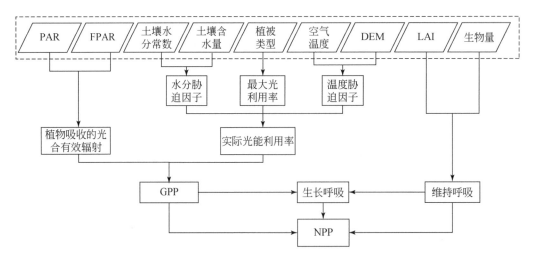

图 5.45　300m NPP 产品算法技术路线

MuSyQ 300m NPP 算法的优点是充分利用了不同分辨率的卫星遥感产品，可以比较好地反映下垫面的真实状况，可同时得到每 10 天间隔的日均 GPP、NPP 产品，且将空间分辨率提高到 300m。

MuSyQ 300m GPP/NPP 产品与地面碳通量观测数据比较，MuSyQ GPP 的精度较高，达到 80%，RMSE=2.59gC/（$m^2 \cdot d$），平均相对误差为 31.8%。此外，与 MODIS GPP 产品进行交叉对比，通量站点位置的 MODIS GPP 与观测数据的相关性低于 51%，RMSE=7.49 gC/（$m^2 \cdot d$），平均相对误差为 79.20%。重点区域 MuSyQ 产品算法在 GPP 估算精度上有了较大的提高。

5.3　水热通量产品多源融合生产技术

5.3.1　概述

土壤水分是陆表重要的参数之一，对全球水循环、能量平衡和气候变化具有重大影响，因而在区域和全球尺度上对土壤水分含量的监测成为开展全球水循环规律、流域水文模拟、农作物生长监测和旱情监测等研究的必要条件之一。随着我国新一代国产风云系列极轨气象卫星的陆续升空，针对我国自主拥有的多频段微波对地观测能力，开展多源遥感反演研究来生成全球土壤水分反演算法和产品具有重要意义。

空气动力学粗糙度反映了近地表气流与下垫面之间的物质与能量交换、传输强度及其相互作用特征，其大小不但取决于地表粗糙性质（粗糙元种类、大小、形状、高度、密度、植被盖度、排列方式和是否运动等），还取决于流经地表的气流性质。定量描述下垫面空气动力学特征不仅是微气象学研究的重点，也是改善区域气候模式和陆面过程模式参数化方案、提高模拟精度的迫切需要。

地表以感热和潜热的形式与大气边界层发生水汽和热量交换，地 - 气界面的感热通量、潜热通量（蒸散发）统称为湍流热通量，是地 - 气相互作用影响气候的重要机制，也是表征下垫面强迫与大气相互作用的必要参数。其中，地表蒸散发是土壤 – 植物 – 大气连续体中水分运动的重要过程，不仅是水循环和能量平衡的重要组成部分，也是生态过程与水文过程的重要纽带。准确获取地表水热通量和蒸散发对于区域和全球地表生态水文过程研究、全球气候变化研究、流域水资源管理、区域水资源利用规划，以及农业可持续发展等热点研究领域具有十分重要的科学意义与应用价值，将对我国在资源和环境监测中的高精度信息提取起到重要的推动作用。

地表水热通量参数定量遥感产品（简称水热通量产品）包括土壤水分、空气动力学粗糙度、感热通量、潜热通量 4 个参数的不同尺度的产品（图 5.46），以满足全球和重点区域的产品生产任务。为了提高产品时空分辨率和精度，建立基于多源遥感数据和多参数化方案的适用于不同土地覆盖类型的地表水热通量遥感估算模型，达到全球和区域尺度水热通量参数精确估算的目标。

考虑到全球和区域应用对产品尺度需求的不同，水热通量产品体系中包括了 4 种尺度的产品，其空间分辨率由低到高分别为 25 km、1 km、300 m 和 30 m，其中，前两种尺度的产品主要面向全球产品生产，以满足全球和大区域的应用目标，后两种尺度的产品主要用于区域生产，以满足重点区域和实验区的应用需求。不同尺度产品的数据源也不同，30 m 分辨率产品主要基于 HJ-1、TM 等中高分辨率极轨卫星数据；300 m 分辨率产品以 FY-3、MODIS、HJ-1 等极轨卫星数据为主；1 km 产品以 FY-3、MODIS、NOAA/AVHRR 等极轨卫星数据为主；25 km 产品以 FY-3、MODIS 等极轨卫星数据为主。各产品详述如下。

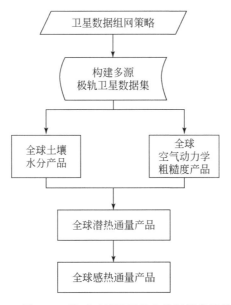

图 5.46　基于卫星组网的水热通量产品关系

　　25 km 分辨率产品有 1 个，时间分辨率为 5 天，主要数据源为 FY-3、MODIS 等极轨卫星数据：25 km 土壤水分产品，MuSyQ.SM.25km。

　　1 km 分辨率产品有 4 个，时间分辨率为 1~5 天，主要数据源为 FY-3、MODIS、NOAA/AVHRR 等极轨卫星数据。

　　（1）1 km 空气动力学粗糙度产品，MuSyQ.ADR.1km。

　　（2）1 km 感热通量产品，MuSyQ.SHF.1km。

　　（3）1 km 潜热通量产品，MuSyQ.LHF.1km。

　　300 m 分辨率产品有 3 个，时间分辨率为 10 天，主要数据源为 FY-3、MODIS、HJ-1 等极轨卫星数据。

　　（1）300 m 感热通量产品，MuSyQ.SHF.300m。

　　（2）300 m 潜热通量产品，MuSyQ.LHF.300m。

　　30 m 分辨率产品有 1 个，时间分辨率为 10 天，主要数据源为 HJ-1、TM 等中高分辨率极轨卫星数据：30 m 空气动力学粗糙度产品，MuSyQ.ADR.30m。

　　上述 7 个产品是水热通量产品体系中的主要组成部分，除此之外，系统模块集成中还包括了一些中间产品，以地表蒸散发为主。在水热通量产品生产子系统中，所有产品模块集成的示意图如图 5.47 所示。

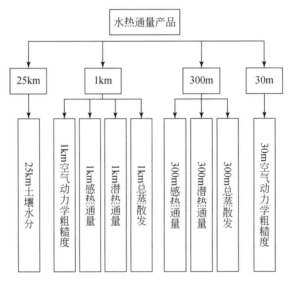

图 5.47　水热通量产品生产子系统模块集成示意图

注：上述产品中，1km 总蒸散发和 300m 总蒸散发为中间产品

　　产品之间存在不同层级和互相调用的关系，图 5.48 以 1 km 分辨率的感热通量、潜热通量（蒸散发）产品为例，表达了产品生产过程中的先后顺序、输入输出，以及层级和调用关系。以辐射收支产品生产子系统，以及植被结构与生长状态参数产品生产子系统的相关数据产品为基础输入数据，最终得到地表水热通量产品。

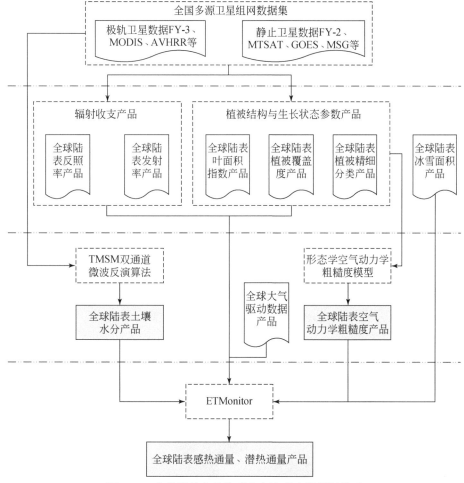

图 5.48　水热通量产品体系生产流程中的层级关系

5.3.2　土壤水分

土壤水分定义为在土壤表层中的卫星传感器探测深度内的液态水，用体积含水量表示 (cm³/cm³)，即液态水体积占土壤总体积的比例。多源遥感 25 km 土壤水分产品联合微波及光学传感器观测，该产品的实现算法名为双通道微波土壤水分反演算法 (two-channel microwave soil moisture inversion algorithm, TMSM)。产品用到的数据源为 FY-3B/MWRI、MODIS、植被校正辅助数据和土壤质地数据，遥感数据的组网方式是数据所在反演周期内生成全球每天的土壤水分产品，5 天实现对全球的覆盖（图 5.49）。

TMSM 克服已有算法反演土壤水分时空动态范围不足、植被影响校正算法经验化的问题，通过输入我国风云三号 B 星微波辐射计 (FY-3B/MWRI) 亮温观测数据，在数据质量控制和预处理的基础上剔除 RFI 污染的亮温，并去除积雪、冻土等不适宜反演的情况，利用发展的植被校正辅助数据消除植被影响。其中，植被校正辅助数据是在实地观测土壤水分和卫星组网数据集联合分析的基础上建立的，包括联合 FY-3B/MWRI 和 AMSR-E 微波亮温观测数据、MODIS NDVI 光学植被指数产品、SMOS L 波段亮温和土壤水分反演产品，建立主要植被类型光学植被指数与微波植被光学厚度之间的关联，实现 FY-3B 反演算法中的植被校正。之后，利用双通道反演算法进一步消除地表粗糙度影响，输出土壤水分反演结果（图 5.50）。

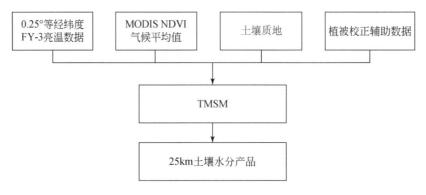

图 5.49　土壤水分产品生产流程

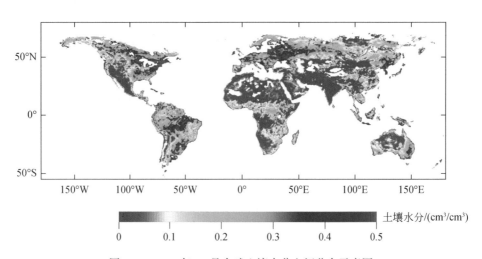

图 5.50　2012 年 10 月全球土壤水分空间分布示意图

由于星载微波辐射计空间分辨率较粗，需基于区域尺度土壤水分观测数据开展精度验证工作。利用 2012 年 FY-3B/MWRI 反演土壤水分产品在青藏高原那曲地区开展验证（图 5.51），结果表明反演的土壤水分与地面观测之间的相关性达到 0.63，反演均方根误差 RMSE 为 0.046 cm³/cm³。相比较而言，该区域国际同类产品包括美国 NASA AMSR-E 产品、日本 JAXA AMSR-E 产品和欧盟 LPRM AMSR-E 产品，均方根误差 RMSE 分别达到 0.14 cm³/cm³、0.12 cm³/cm³ 和 0.08 cm³/cm³。

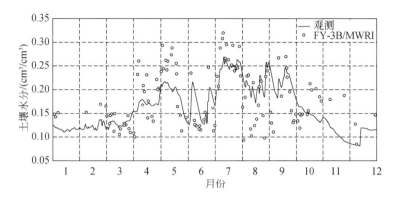

图 5.51　2012 年 FY-3B/MWRI 反演土壤水分与青藏高原那曲地区实地观测比较

5.3.3　空气动力学粗糙度

地表空气动力学粗糙度定义为在中性稳定大气条件下，地表上方风速为零的高度，表征近地表气流与下垫面之间的物质与能量交换、传输强度及其相互作用特征反映了地表对风速削减作用的影响。该产品的实现算法名为形态学空气动力学粗糙度模型 (aerodynamic roughness length morphological model)。产品用到的数据源：基于多源遥感数据反演的叶面积指数、植被覆盖度、土地覆盖类型等，遥感数据的组网方式是数据所在反演周期内生成全球 5 天分辨率时空连续的地表空气动力学粗糙度产品（图 5.52）。

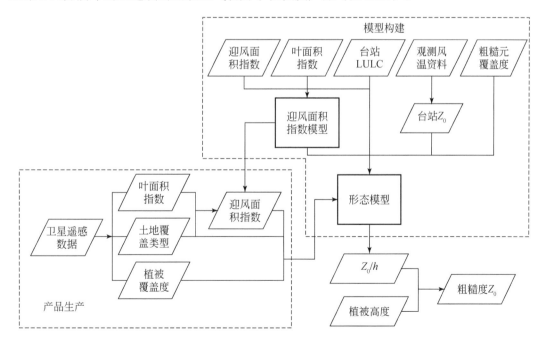

图 5.52　地表空气动力学粗糙度产品生产流程

利用基于卫星组网技术得到的具有时空一致性和连续性的遥感反演植被状态参数实现区域尺度地表空气动力学粗糙度的估算并形成产品，将有助于提高陆面过程模型的模拟精度。形态学空气动力学粗糙度模型基于土地覆盖分类建立依赖于粗糙元迎风面积指数的遥感反演空气动力学粗糙度方法，算法采用 Raupach 形态学模型和 Jasinski 参数化方案，根据叶面积指数时间序列提取植被迎风面积指数（代表粗糙元在风向上对风阻挡面积的大小），针对每种土地覆盖类型计算地表相对于空气的动力学粗糙度 (z_0/h)。利用草地和农田下垫面生长季内的植被高度、LAI 地面观测数据来确定草地和农田下垫面的植被高度与 LAI 的经验关系，进而获取草地和农田下垫面的植被高度空间分布信息，然后结合 GLAS 和 MODIS 数据反演的树高来获取区域植被高度信息，最终获取地表空气动力学粗糙度绝对值 (z_0)（图 5.53）。

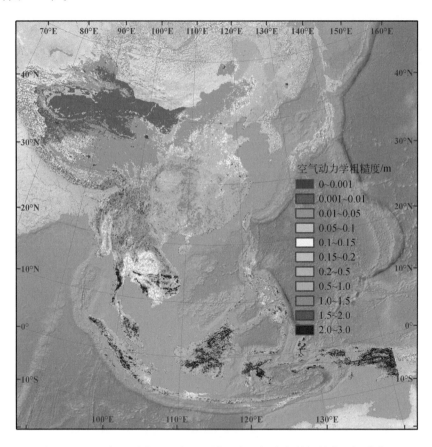

图 5.53　2013 年 7 月中国—东盟区域地表空气动力学粗糙度空间分布

利用"黑河流域生态 - 水文过程综合遥感观测联合试验"(HiWATER) 获取的 2012 年 5~9 月黑河流域中游不同下垫面（玉米、湿地、果园）12 个涡动相关 (EC) 站点观测的空气动力学粗糙度与基于形态学空气动力学粗糙度模型的环境卫星遥感数据计算结果相比较（图 5.54），模型估算值与下垫面较为均一的玉米和湿地站点地面观测值较为吻合，而与下垫面较为复杂的果园站误差较大。

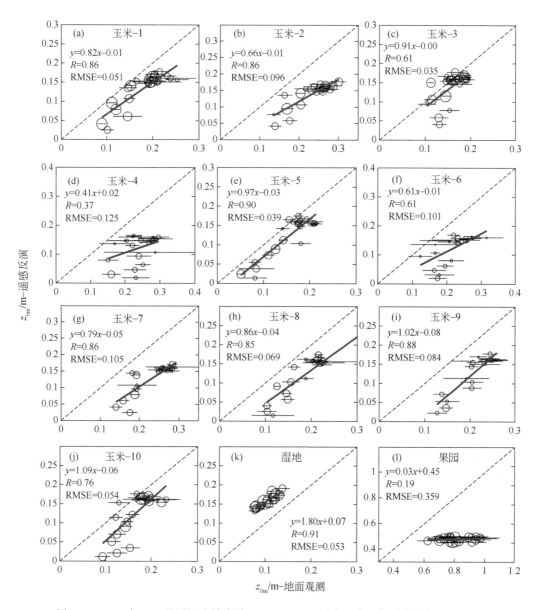

图 5.54　2012 年 5~9 月黑河流域中游 HiWATER EC 站点地表空气动力学粗糙度验证

5.3.4　感热通量、潜热通量

地表感热通量定义为地表能量通过传导或对流的方式转移到大气中的热通量，地表潜热通量定义为地表水分蒸散发消耗的热通量。针对不同下垫面条件下的地表水热通量交换过程，即水面蒸发、冰雪升华、冠层降水截留蒸发、土壤蒸发和植被蒸腾，地表感热通量、地表潜热通量（蒸散发）产品的实现算法名为 ETMonitor，以主控地表能量与水分交换过程的能量平衡、水分平衡和植物生理过程的机理为基础。产品用到的数据源：①基于多源遥感数据反演的地表参数包括反照率、发射率、叶面积指数、植被覆盖度、土地覆盖类型、土壤水分、冰雪面积；②近地面大气驱动数据包括气温、气压、相对湿度、风速、降水、下行短波辐射、下行长波辐射。遥感数据的组网方式是数据所在反演周期内生成全球逐日时空连续的地表感热通量、地表潜热通量（蒸散发）产品（图5.55）。

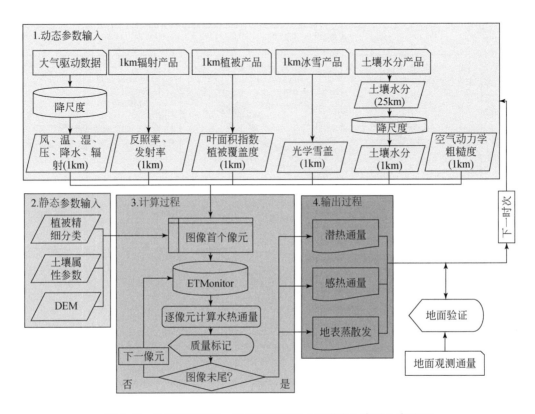

图 5.55　地表感热通量、地表潜热通量（蒸散发）产品生产流程

　　基于多参数化方案的适用于不同土地覆盖类型的地表水热通量和蒸散发估算模型ETMonitor克服同类模型中使用单一参数化方法在复杂地表的不适用性，并克服云的影响、生成时空连续的遥感数据产品。ETMonitor模型以基于卫星组网技术得到的具有时空一致性和连续性的遥感反演地表参数和气象数据作为驱动，以主控地表能量和水分交换过程的能量平衡、水分平衡和植物生理过程的机理为基础，所计算的地表潜热通量（蒸散发）包括土壤蒸发、植被蒸腾、冠层降水截留蒸发、水面蒸发和冰雪升华（图5.56和图5.57）。

　　对于土壤蒸发和植被蒸腾，ETMonitor模型主要基于Shuttleworth-Wallace双源模型和一系列阻抗参数化方案来建立。Shuttleworth-Wallace模型是在Penman-Monteith公式的基础上引入冠层表面阻抗和土壤表面阻抗参数，建立由植被冠层和冠层下的土壤两部分组成的双源蒸散发模型。模型中的阻抗参数包括空气动力学阻抗、土壤表面阻抗和冠层表面阻抗，其中，土壤表面阻抗和冠层表面阻抗是ETMonitor模型的核心内容。土壤表面阻抗的

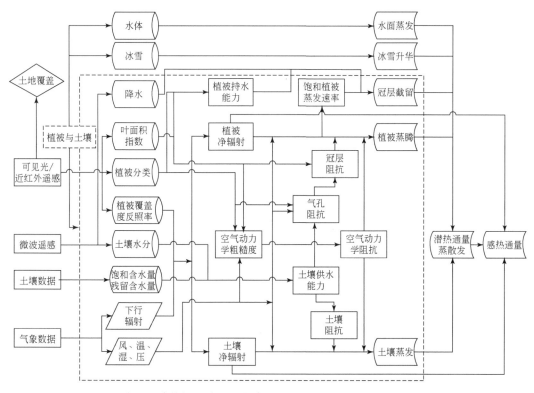

图 5.56　多源遥感数据驱动的地表感热通量、潜热通量（蒸散发）计算流程

参数化方法考虑了土壤的水力学属性和微波遥感反演的土壤水分数据，而冠层表面阻抗的参数化方法考虑了植物叶面气孔开闭对于外界环境中的太阳辐射、气温、饱和水汽压差和根系层土壤含水量的响应。

大气降水落到植被下的土壤表面之前，受到植被冠层茎、叶的截留和吸附作用。在降水期间和降水后，植被对降水的截留和随后的蒸发是陆地生态系统水分平衡的重要组成部分，对于森林生态系统来说尤为重要，特别是当降水不集中时，这部分水量是相当可观的。对于植被冠层的降水截留蒸发，发展的 **RS-Gash** 模型是对经典的站点尺度 Gash 降水截留模型的改进，可用于计算区域尺度非均匀植被的降水截留蒸发。

水面蒸发是一种供水始终充分的蒸发，冰雪升华是水面蒸发的一种特殊情况，当冰雪上空的水汽压小于当时温度下的饱和水汽压时，冰雪升华就会发生。ETMonitor 模型采用 Penman 公式计算水体表面蒸发，采用 Kuzmin 公式计算冰雪升华。

为了保证地表潜热通量（蒸散发）遥感数据产品的准确性，利用涡动相关仪可以直接对遥感估算潜热通量（蒸散发）进行验证。对于 ETMonitor 估算地表蒸散发，选择中国西北干旱区黑河流域的盈科站（农田）、阿柔站（草地）、关滩站（林地），以及东部季风区海河流域的馆陶站（农田）、密云站（林地）涡动相关仪观测数据对其进行真实性检验。此外，在站点验证时同时采用 MOD16 ET 遥感数据产品进行对比验证，以评估 ETMonitor 的相对可靠性。

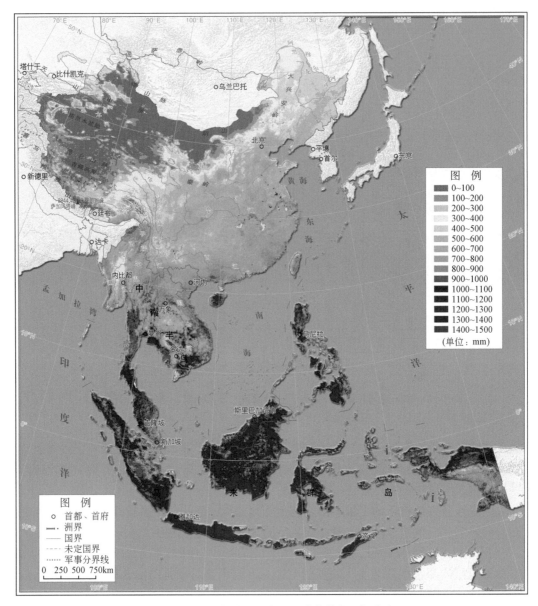

图 5.57　2013 年中国—东盟区域蒸散发空间分布

采用直接检验的方法对地表蒸散发遥感数据产品进行精度评价，在利用涡动相关仪的观测数据（相对真值）对 1 km 分辨率的遥感估算蒸散发进行验证的过程中，由于涡动相关仪的通量源区较小，验证像元选择方式是直接选取涡动相关仪所在位置像元作为验证像元。在对遥感估算蒸散发进行精度评价时，主要通过相关系数 R 或判定系数 R^2、均方根误差 RMSE 等统计量作为精度检验的判据。其中，R 或 R^2 (—) 反映遥感估算蒸散发与观测值时间序列变化趋势的一致性，RMSE (mm/d) 反映遥感估算蒸散发相对于观测值的偏离程度。

ETMonitor 地表蒸散发数据与涡动相关观测数据之间的对比分析表明（图 5.58 和表 5.2），ETMonitor 与地面观测之间具有较为一致的时间序列变化特征，能够较好地反映实际地表蒸散发的时空动态变化。与 MOD16 相比，ETMonitor 与地面观测值更为接近，具有更大的判定系数 R^2 和更小的均方根误差 RMSE，改进了 MOD16 ET 在干旱半干旱地区存在的低估现象及其在湿润地区的高估现象。

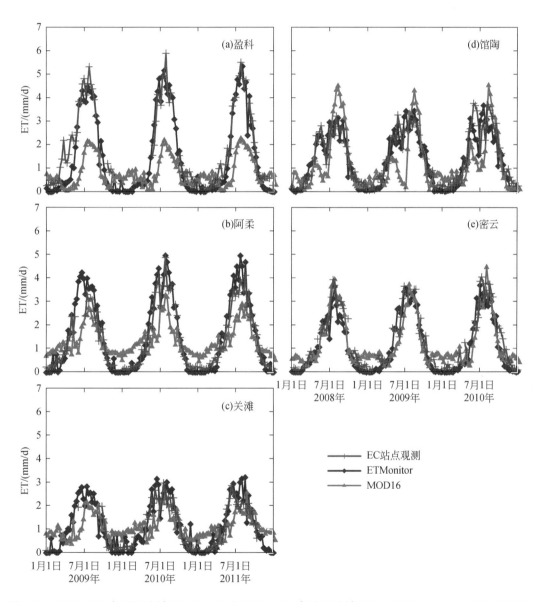

图 5.58　2009~2011 年黑河流域 [(a),(b),(c)] 及 2008~2010 年海河流域 [(d),(e)] ETMonitor、MOD16 ET 和 EC 站点观测数据时间序列变化

表 5.2　2009~2011 年黑河流域及 2008~2010 年海河流域 ETMonitor 估算 ET 精度评价及其与 MOD16 精度评价的对比

涡动相关站点	R^2		RMSE/(mm/d)	
	ETMonitor	MOD16	ETMonitor	MOD16
盈科（农田）	0.93	0.64	0.62	1.74
阿柔（草地）	0.96	0.71	0.41	0.83
关滩（林地）	0.88	0.41	0.37	0.70
馆陶（农田）	0.85	0.51	0.45	0.93
密云（林地）	0.89	0.79	0.50	0.57

5.4　冰雪产品多源融合生产技术

5.4.1　概述

冰雪是地球系统的重要组成部分，南极大陆和周边海域集中了全球 86% 的冰雪储量，格陵兰冰盖集中了全球 10% 的冰雪储量，陆地表面 34% 的区域被季节性积雪覆盖。积雪是气候变化的重要指示因子，它影响地表辐射、热量和水平衡。南北极的冰雪环境变化与全球海面变化、大气组成与动力学状态的改变、海洋环流模式等的变化有着紧密的联系，并对全球气候变化产生深远的影响。近 30 年的研究表明，在全球变暖背景下，南北极地区的冰层及全球其他地区的雪盖面积发生了显著变化，冰雪参数的变化及其在全球变化中的地位和作用已成为当今世界共同关注的重大科学问题。

积雪是重要的陆地覆盖类型，雪盖信息是融雪径流模型、灾害预测的关键参数。海冰是极区最活跃易变的成分，自身的季节变化和年变化特征，特别是范围、密集度和厚度变化，直接影响海洋和大气的能量交换和物质交换。冰盖和海冰温度是极地冰雪时空变化观测中的一个重要因子，它揭示着冰雪的消融、海冰增长的比率和海气能量交换。南极冰盖质量平衡研究对认识和了解全球平均海平面的变化、全球水循环、全球温盐度、大气变化和其他相关问题也起着关键性的作用。南极冰盖质量平衡研究主要包括南极大陆的质量变化和高程变化，因此，对雪盖面积、海冰、冰盖及海冰表面温度、冰雪质量变化和冰盖高程变化这 5 个冰雪参数的反演方法进行研究，可为全球和南北极冰雪变化研究提供技术支撑。同时，利用这些技术生产的相关冰雪产品可为研究全球和极区冰雪动态变化及其对全球变化（海平面、大洋洋流循环和大气循环等）的贡献提供全球和区域性的定量结果，具有重要的现实意义。

主要冰雪产品包括极地海冰分布、冰雪质量变化，主要反演技术包括冰雪面积、冰盖高程、冰盖及海冰温度。全球冰雪变化定量遥感产品生产和技术研究路线如图 5.59 所示。

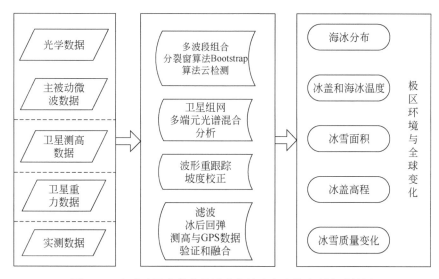

图 5.59　全球冰雪变化定量遥感产品生产和技术研究路线图

南极地区受特殊的气候环境等条件的限制，仅利用一种数据无法实现高精度的冰雪参数反演，在以上产品生产过程中利用多源、多分辨率数据相结合的方式，发展多源卫星数据的协同反演方法，达到全球和区域冰雪参数精确估算的目标。

考虑到全球和区域应用对产品尺度需求的不同，冰雪产品体系中包括 5 种尺度的产品，产品的空间分辨率由低到高分别为 300km，25km，5km，1km，500m，其中前三种尺度的产品主要面向全球产品生产，以满足全球和大区域的应用目标，后一种尺度的产品则主要用于区域生产，以满足重点区域的需求。每一种尺度对应的产品列表和产品规格见表 5.3～表 5.9。

300km 分辨率产品有 1 个，时间分辨率为 30 天，主要数据源为卫星重力 GRACE 二级产品 RL05 序列球谐系数卫星数据：300km 冰雪质量变化产品，MuSyQ.IMB.300km。

表 5.3　300km 冰雪质量变化产品规格表

组的个数	各组名	各组的数据集个数	各数据集名	各数据集的数据类型	各数据集的数据转换系数	投影方式	时间分辨率	空间分辨率	备注
1	IMB	1	重力场球谐系数	Real*8		正弦投影	30 天	300km	

25km 分辨率产品有 1 个，时间分辨率为 30 天，主要数据源为 SSM/I 卫星数据：25km 冰盖及海冰温度产品，MuSyQ.IST.25km。

表 5.4　25km 冰盖及海冰温度产品规格表

组的个数	各组名	各组的数据集个数	各数据集名	各数据集的数据类型	各数据集的数据转换系数	投影方式	时间分辨率	空间分辨率	备注
1	IST	1	IST_SSM/I	Float		Ease-Grid	1 天	25km	

5km 分辨率产品有 1 个，时间分辨率为 90 天，主要数据源为 ICESat、ERS-1/GM 和 Envisat 卫星数据：5km 冰盖高程产品，MuSyQ.DEM.5km。

表 5.5　5km 冰盖高程产品规格表

组的个数	各组名	各组的数据集个数	各数据集名	各数据集的数据类型	各数据集的数据转换系数	投影方式	时间分辨率	空间分辨率	备注
1	DEM	1	离散点	Real*8		正弦投影	90 天	1km	

1km 分辨率产品有 3 个，时间分辨率为 30 天，主要数据源为 MODIS、SSM/I、FY-3B、CLS、GTOPO 数据。

（1）1km 冰雪面积产品，MuSyQ.ISC.1km。

表 5.6　积雪面积产品规格表

组的个数	各组名	各组的数据集个数	各数据集名	各数据集的数据类型	各数据集的数据转换系数	投影方式	时间分辨率	空间分辨率	备注
1	亚像元雪盖	3	亚像元雪盖	Byte	0.01	正弦投影	5 天	1km	
			RMSE	Int16	0.0001				
			质量信息	Unit	无				

（2）1km 海冰分布产品，MuSyQ.SID.1km。

表 5.7　1km 海冰分布产品规格表

组的个数	各组名	各组的数据集个数	各数据集名	各数据集的数据类型	各数据集的数据转换系数	投影方式	时间分辨率	空间分辨率	备注
1	SID	1	SID_1km	UINT8	1	正弦投影	10 天	1km	

（3）1km 冰盖及海冰温度产品，MuSyQ.IST.1km。

表 5.8　1km 冰盖及海冰温度产品规格表

组的个数	各组名	各组的数据集个数	各数据集名	各数据集的数据类型	各数据集的数据转换系数	投影方式	时间分辨率	空间分辨率	备注
1	IST	1	IST_MODIS_1km	Float		正弦投影	30 天	1km	

500m 分辨率产品有 1 个，时间分辨率为 30 天，数据源为 MODIS 和 SSM/I 卫星数据：500m 重点区域海冰分布产品，MuSyQ.SID.500m。

表 5.9　500m 海冰分布产品规格表

组的个数	各组名	各组的数据集个数	各数据集名	各数据集的数据类型	各数据集的数据转换系数	投影方式	时间分辨率	空间分辨率	备注
1	SID	1	SID_500m	UINT8	1	正弦投影	30 天	500m	

上述 7 个产品是冰雪产品体系中的主要成员。在冰雪产品生产子系统中，所有产品模块集成的示意图如图 5.60 所示。产品之间不存在不同层级和互相调用的关系。

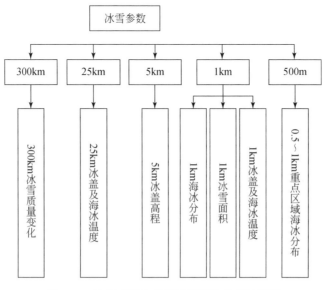

图 5.60　冰雪产品生产子系统模块集成示意图

5.4.2　冰盖高程

冰盖高程定义为相对于某个参考面的冰盖高程 (DEM of ice sheet)。5km 冰盖高程产品的实现算法名为静态冰盖高程与动态变化结合 (DEM determination from multi-altimetry data analysis)。采用的数据源主要为各卫星测高数据和 GPS 等数据，卫星测高数据主要包括 ICESat、ERS-1/GM Envisat 卫星数据。其中，静态冰盖表面高程主要涉及插值算法，动态冰盖表面高程主要涉及重复轨道和交叉点分析算法，以获得重点研究区域的高程变化信息。生产模块的业务流程图如图 5.61 所示。创新点在于提出了静态和动态相结合的算法构建南极冰盖 DEM，该算法对于变化剧烈区意义明显，可构建长时间序列的高程时间序列。

基于 ICESat 与 ERS-1/GM 数据，采用克里金插值算法，联合获得了 1 分分辨率的南极冰盖表面高程，如图 5.62 所示。结果验证主要通过 GPS 数据对不同插值算法进行对比选取，利用不同卫星测高数据对动态结果进行对比。

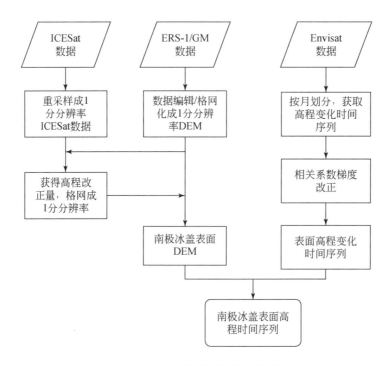

图 5.61 5km 冰盖高程技术流程

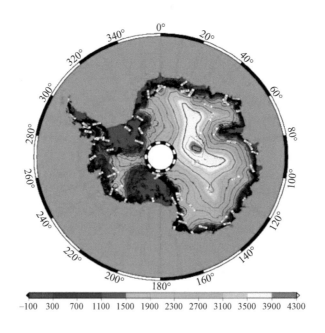

图 5.62 基于 ICESat 和 ERS-1/GM 的南极冰盖表面高程

冰盖高程变化包括长期项与年周期变化，对梯度改正的高程变化时间序列进行长期变化项与年周期变化项拟合，得到长期变化项，结果如图 5.63 所示。结果表明研究区域高程变化主要在 ±2cm/a，处于平衡状态。

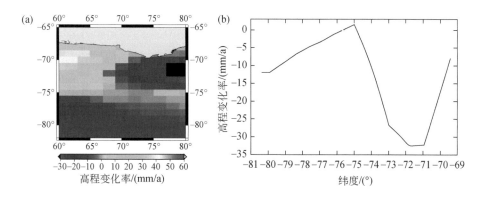

图 5.63　基于 Envisat 的高程变化分布图

5.4.3　海冰分布

1km 海冰分布 (1km sea ice distribution) 的定义为全球范围 1km 分辨率海冰分布图。1km 海冰分布产品的实现算法名为多波段组合方法，联合利用归一化雪被指数 (normalization difference snow index)、2~6 波段 (2~6 bands operation) 和冰面温度产品 (IST product) 对全球范围的海冰分布进行提取。基于 2~6 波段差和比值算法的海冰提取的对象是反射率较低的薄冰，即初生冰和融化冰，同时利用 IST 温度产品有效区别于悬浮水体和海冰。完成薄冰的提取后，在此基础上应用云掩膜产品确认云像元，最后利用 NDSI 算法提取剩下的像元中的海冰信息。被动微波具有全天时全天候的特点，在有云或者极夜条件下，它仍然能够获取下垫面的数据。海冰的主要分布区域为南北极区和中高纬度区域，其中，南北极区将会出现极夜现象，此时将无法获取 MODIS 反射波段的数据，进而无法利用 2~6 波段差和比值法及 NDSI 算法进行海冰提取。在这种条件下，被动微波数据将是一个非常有效的补充，直接利用 SSM/I 被动微波产品来对极夜条件下的海冰分布产品进行补充。本产品所用数据源为 MODIS、SSM/I 标准产品和 MODIS 陆地云掩膜产品。生产模块的业务流程图如图 5.64 所示。本产品算法的优势在于，能够灵活针对不同的地区和时间条件，选择不同的方法提取海冰。

图 5.65 和图 5.66 分别为利用该算法生产的 2012 年 3 月 2 日南极普里兹湾区域海冰分布图和 2012 年 2 月 21 日南极罗斯海区域海冰分布图。将算法反演结果与 NASA 海冰产品相比较，本算法海冰产品在不同区域内的海冰提取精度均优于 NASA 的海冰提取精度。

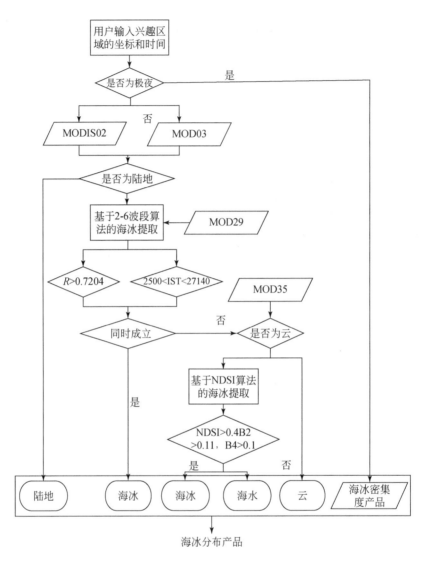

图 5.64　1km 海冰分布产品生产流程

　　500m 海冰分布 (500m sea ice distribution) 的定义为部分重点区域 500m 分辨率的海冰分布图。500m 海冰分布产品的实现算法名为多波段组合方法，算法实现大致与 1km 海冰分布相同，即联合利用归一化雪被指数 (normalization difference snow index)、2~6 波段和冰面温度产品 (IST product) 进行海冰分布提取。与 1km 海冰分布算法实现不同之处在于，此处由于 MOD02 与 MOD35、MOD29 分辨率不同，需计算相同地理位置云及冰面温度的情况。所用数据源为 MODIS、SSMIS 标准产品及其陆地云掩膜产品。生产模块的业务流程图如图 5.64 所示。500m 海冰分布和 1km 海冰分布的区别是，分别针对重点区域和全球区域，数据的影像分辨率和产品的时间分辨率不同。

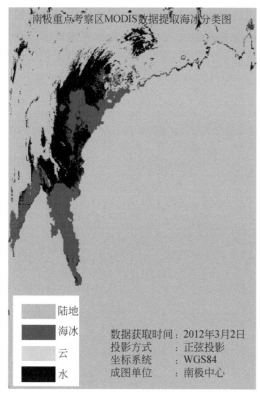

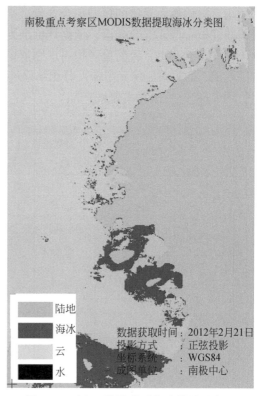

图 5.65　南极中山站海冰提取结果示意图　　　　图 5.66　南极罗斯海海冰提取结果示意图

5.4.4　积雪面积

1km 积雪产品（1km snow cover）指利用光学传感器并辅以微波遥感数据提取的单位面积区域内 (1km × 1km) 的积雪覆盖百分比；覆盖百分比不仅提供了单位面积内是否存在积雪覆盖，同时提供了覆盖强度信息。其算法名称为光学微波联合积雪反演 (fractional snow cover)，利用多端元光谱混合分析 (multiple endmember spectral mixture analysis，MESMA) 和 MODIS 反射率数据辅以微波遥感数据，对积雪混合像元进行光谱混合模拟，并进行线性分解、反演获取积雪覆盖百分比。产品用到的数据源为 MODIS 地表反射率数据 (MOD09GA)，陆地 1km 分辨率高程数据、地表分类数据，以及 FY-3B 轨道亮温产品。产品生产模块的业务流程图如图 5.67 所示。亚像元积雪面积反演关键技术包括端元选取和多端元光谱模型分解：①端元选取确立适合多光谱混合分析的端元类别和端元提取方法。针对亚像元积雪覆盖反演和多光谱数据的波段设置，通过分析前人在光谱混合分析中的端元类型，并结合本书的积雪领域，确立适合积雪反演的积雪、非积雪端元类。确定好积雪反演端元类后，建立非监督的图像端元类光谱的选取方法，从图像数据中选取出不同类别的端元光谱。通过端元优化方法，进一步建立由代表性的端元类构成的优化端元光谱库。②多端元光谱混合分析模型分解。为了从端元库中选取出适合单个混合像元光谱的端元组合，需要确定每种端元组合对该像元光谱的模型拟合评价准则。通过评价准则的建立，利用优化端元光谱库进行线性拟合像元混合光谱，依据评价准则确定适合该像元的端元组合与亚像元雪盖百分比（丰度）。其中，云覆盖区积雪识别依据微波辐射计积雪制图结果，中分辨率积雪面积产品生成，通过对亚像元雪盖百分比结果进行进一步计算获取中分辨率雪盖面积产品。

图 5.68 为 1km 积雪制图产品。

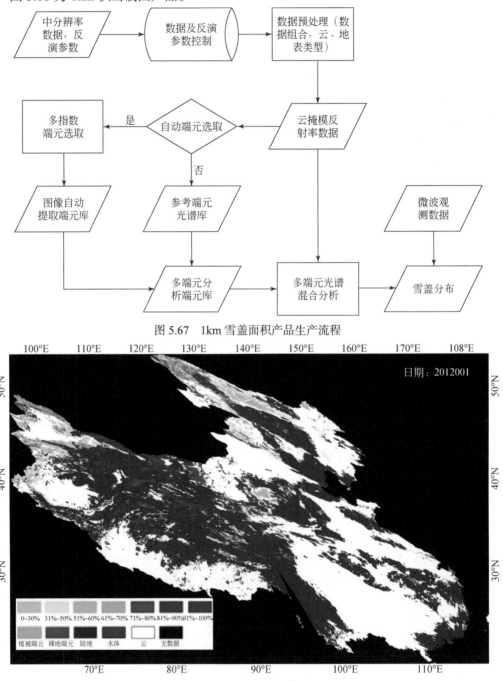

图 5.67　1km 雪盖面积产品生产流程

图 5.68　1km 积雪面积制图产品

5.4.5　冰盖及海冰温度

冰盖及海冰温度定义为冰盖及海冰温度 (ice surface temperature)，又称冰雪表面温度。25km 冰盖及海冰温度产品的实现算法名为辐射传输迭代反演冰雪表面温度 (ice surface temperature inversion based on microwave-radiative-transfer-equation)。本算法根据大气辐射传输原理推导而来，通过计算 SSM/I 数据两个通道之间的极化差异估算海冰密集度，同时基于该极化差异结合经验阈值去除天气和风速等因子的影响，在冰雪表面温度反演过程中仅考虑 SSM/I 数据亮温和目标物理温度之间的一阶关系，忽略反射部分二阶以上较小的影响，简化得到迭代反演算法。产品用到的数据源为 SSM/I 数据及其相关产品。具体的算法及产品生产流程如图 5.69 所示。

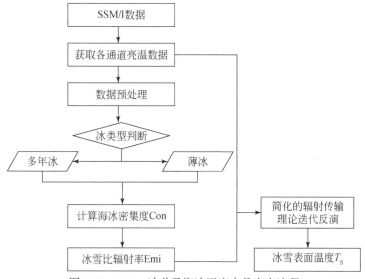

图 5.69　25 km 冰盖及海冰温度产品生产流程

图 5.70、图 5.71 为 2011 年 1 月 15 日及 2012 年 1 月 15 日 SSM/I 南半球数据及反演海冰密集度和温度的结果图。算法反演结果与 2012 年 1~10 月 (4 月数据缺失) 每个月 15 日凯西站气象数据进行相比，RMSE 为 15.362K。

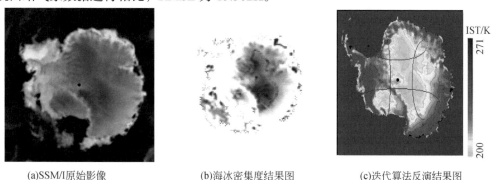

(a)SSM/I原始影像　　　　(b)海冰密集度结果图　　　　(c)迭代算法反演结果图

图 5.70　2011 年 1 月 15 日 SSM/I 原始影像及温度反演结果图

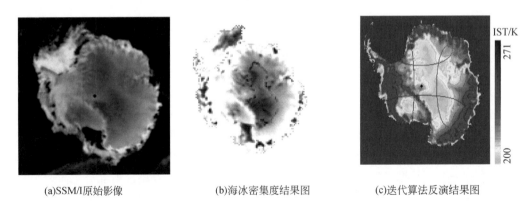

(a)SSM/I原始影像　　　　　(b)海冰密集度结果图　　　　　(c)迭代算法反演结果图

图 5.71　2012 年 1 月 15 日 SSM/I 原始影像及温度反演结果图

1km 冰盖及海冰温度产品的实现算法名为基于分裂窗算法的冰雪表面温度反演 (split-window-algorithm based ice surface temperature retrieval)。本书利用基于 MODIS 数据的分裂窗算法完成产品生产流程的设计。分裂窗算法根据地表热辐射传导方程，利用大气窗口 10~13μm 中两个相邻通道上大气的吸收作用的差异，通过这两个通道测量值的各种组合来剔除大气的影响，对大气和地表比辐射率进行订正来获取地表温度。产品用到的数据源产品为 MODIS 标准产品及其陆地云掩膜产品。具体的算法及产品生产流程如图 5.72 所示。

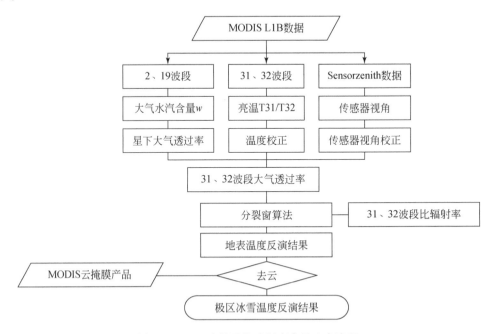

图 5.72　1km 冰盖及海冰温度产品生产流程

图 5.73 中展示了南极 Amery 冰架冰雪表面温度月均图。利用自动气象站实测值和 NASA 生产的基于 MODIS 的标准海冰产品（MOD29）对产品生产算法的有效性进行验证。

本算法反演结果与气象台站实测数据相比的 RMSE 为 1.49K，MODIS 标准产品 MOD29 与气象台站的实测数据相比的 RMSE 为 2.74K，本算法精度更优。

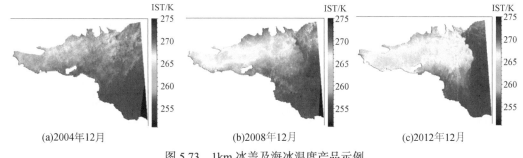

(a)2004年12月　　　　　　　　(b)2008年12月　　　　　　　　(c)2012年12月

图 5.73　1km 冰盖及海冰温度产品示例

5.4.6　冰雪质量变化

冰雪质量的变化 (ice mass balance) 又称冰雪质量平衡状态，是指冰雪质量的收入和支出之和。300km 冰雪质量变化产品的实现算法建立在面密度变化和大地水准面的球谐系数的关系上。通过利用 GRACE 观测数据解算大地水准面高的球谐系数，进行反演，然而 GRACE 观测得到的球谐系数在高阶误差较大，直接计算地球表面质量异常需要考虑高阶项球谐系数，因为高阶项球谐系数对计算地球表面质量异常具有重要贡献，然而球谐系数的阶数越高，GRACE 观测误差的影响就越大。为了减少 GRACE 高阶误差的影响，通常需要在计算过程中引入空间平均函数来减小高阶系数的权重，使解算结果与重力场实际变化更为符合。产品用到的数据源为 GRACE 二级产品球谐系数，数据所在反演周期相同。产品生产模块的业务流程图如图 5.74 所示。产品算法的创新点在于通过对几种滤波算法进行对比，选取了适合南极冰盖的滤波算法，并进行了产品化。

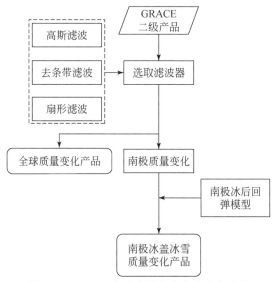

图 5.74　300km 冰雪质量变化产品生产流程

目前，常用的几个滤波算法包括高斯滤波、扇形滤波和去条带滤波等。通过对三种不同情形结果进行比较，如图 5.75 所示，检验滤波算法的正确性和可靠性。由结果可以看出，未滤波数据精度偏低，400km 高斯滤波能提高信噪比，但仍存在条带现象，300 km 去条带扇形滤波信噪比最高，因此，300km 去条带扇形滤波与 400km 高斯滤波结果一致，最终选取 300km 去条带扇形滤波用于产品生产。

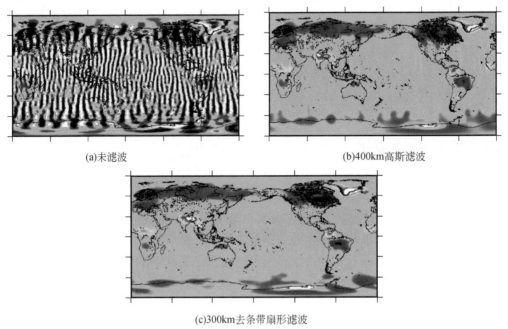

图 5.75　2003 年 7 月全球等效水量分布示意图

通过该滤波算法，获取空间分辨率为 300km、时间分辨率为 30 天的产品。并获得 2003~2012 年每个月的全球等效水量变化，图 5.76 给出了 2010 年 1 月 gldas 和 GRACE 的等效水量分布，从图中可以看出，两者在中低纬度上高度相关，而 gldas 在高纬度数据不足，GRACE 更具优势，且 GRACE 反演的变化量高于 gldas。结果验证主要通过对不同滤波算法的内部进行对比及在南大洋进行外部数据检核实现。

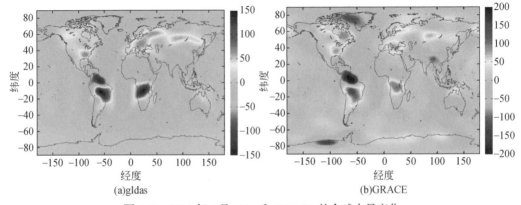

图 5.76　2010 年 1 月 gldas 和 GRACE 的全球水量变化

5.5　产品生产系统设计与实现

随着对地观测技术的发展，各种对地观测系统的建设，如 NASA 的 EOS，NOAA 的对地观测系统，中国的高分辨率对地观测系统等，随着这些对地观测系统的持续运行，形成了多源多尺度遥感数据并存的局面，并积累了大量的数据，这些长期积累和在线接收的数据可用于解决全球、区域范围内地表和大气的监测评价问题。但如何用好这些数据，由数据到产品，为遥感应用服务是很多科研工作者努力的方向（Van Den Bergh et al.，2012；Zhao et al.，2013）。

以往很多的遥感系统基本都是基于单一数据源进行设计，如基于 FY-3（卢乃锰等，2012）、HJCCD（侯伟真等，2013）、MODIS（陈宏等，2009）等的数据处理系统，而多源数据协同定量遥感产品生产系统主要从多源数据协同的角度进行共性定量遥感产品设计和生产，以解决单一传感器的产品不能满足高时间分辨率、覆盖范围和精度方面的需求。系统需要生产全球及区域范围内的 40 种定量遥感产品，涉及 30m、1km、5km 等多个分辨率共 30 余种原始遥感数据，并考虑多源多尺度遥感数据的协同使用，为处理系统的构建和文件管理都提出了更高的要求。而遥感数据有其自身的特点：非结构化、特殊文件格式、不同投影、不同尺度等，都是系统平台设计和实现的挑战（吕雪锋等，2011；杨海平等，2013）。此外，系统还需要处理全球或区域范围内长时间序列的产品，并做到业务化运行，因此，需要设计相应的并行处理系统、并行文件系统和自动化的业务流程来实现多源数据协同定量遥感产品的快速自动化生产。

当前大规模数据的管理和处理不能不提到由传统数据库发展而来的方兴未艾的 Hadoop 体系（Ghemawat et al.，2003，Dean and Ghemawat，2008）。然而，多源数据协同定量遥感产品生产系统的数据管理与处理与 Hadoop 计算体系在输入、数据交换（shuffle）、输出的数据量和数据内容上有很大的不同。以 Hadoop 经典的 "wordcount" 程序为例，映射(map)后数据量会急剧减少，其数据量仅取决于不同主机上不同 "word" 的个数，因此，shuffle 过程中网络上需要传输的数据量相比于原始数据量急剧减少，最终规约 (reduce) 后的数据量只与不同 "word" 的数量相关。反观定量遥感产品生产，首先需要对原始遥感数据进行归一化处理，即几何精校正、大气校正和数据格式标准化，然后进行共性定量遥感产品生产。第一步归一化处理输出的数据量不仅没有减少，反而还增加了；第二步共性定量遥感产品生产虽然输出数据量减少了，但减少的数据量不显著，因此，需要 shuffle 的数据量依然很大。在数据内容上，由于遥感栅格数据的存储体系和数据非结构化的特点，更细粒度的并行，如在算法内部采用 Hadoop 体系需要将数据散播（scatter）到不同的节点上，将使数据读取成为瓶颈，并且受限于网络带宽等多方面的因素，通过网络实时传输大规模数据进行多源数据协同定量遥感产品生产也是望洋兴叹，因此，系统将在集中式的磁盘阵列服务器和集中式的集群服务器基础上，设计和实现多源协同定量遥感产品并行处理系统（以下简称并行处理系统）。

5.5.1　分布式并行处理方案

并行处理系统是集成多家项目参加单位的算法模块，并且不对算法模块内部做代码修改，因此，并行性的实现主要通过任务并行来实现，调度工具使用 PBS(portable batch sys-tem)。并行系统的组成主要分为用户客户端、计算服务器和存储服务器三部分。下述将分别介绍并行处理系统的流程和并行处理设计。

1）流程

由于计算系统的高速存储资源昂贵，且受限于计算系统的存储资源，在系统设计时将计算系统的存储器与数据存储系统分开，数据存储系统只负责数据管理，计算系统的存储器负责产品生产计算时的数据存储，当客户端发起生产任务时，需要将数据由存储服务器传输到计算服务器，计算完成后，再传输回存储服务器。数据传输的过程是可配置的，用户根据计算服务器资源的实际情况和整个系统的任务量进行调节以确定是否需要数据传输。系统运行的一般流程如图 5.77 所示，主要过程有如下 10 步。

（1）客户端启动产品生产任务/订单，其中，订单包含三要素：产品类型、时间范围和空间范围，向存储服务器发送订单任务的数据准备消息。

（2）存储服务器准备数据后，无论数据是否备齐，都向客户端返回准备情况，包含已有数据列表和缺失数据报告。

（3）客户端根据返回的数据情况给存储服务器发送数据传输指令，将数据传输到计算服务器。

（4）存储服务器开始数据传输到计算服务器。

（5）存储服务器数据传输完成，反馈给客户端。

（6）客户端传输任务执行脚本到计算服务器，并将计算任务脚本加入 PBS 队列。

（7）计算服务器调度任务执行脚本，并为对应的脚本执行节点分配数据。

（8）计算节点执行完成后，将状态和数据返回给计算服务器。

（9）计算服务器向客户端返回任务执行完成消息，并将数据传输回存储服务器。

（10）存储服务器将数据入库的消息和产品列表返回给客户端。

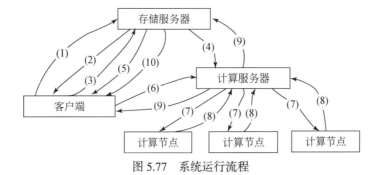

图 5.77　系统运行流程

2）并行

为实现大数据量的定量遥感产品生产和数据归一化处理，结合定量遥感产品算法模块由领域人员开发的实际情况，设计了粗粒度任务并行的处理策略。首先，为避免算法执行时或脚本设置时的差错而导致资源无序竞争，要求各算法实现都按串行执行模式，PBS 脚本中将节点数和核心数都固定设置为 1。其次，整个系统的并行性由任务调度器来保证，任务调度器将不同的处理进程调度到不同的节点核心上。该策略不仅降低了遥感领域人员开发算法模块的难度和风险，又不损失并行性。如图 5.78 所示，任务调度器维护一个未处理的任务队列，任务调度器调度的硬件资源单位是节点的处理核心，软件资源单位是单个产品生产过程（一景或者一个分幅块的全流程生产过程）。每个生产过程执行完成后自动结束，返回处理结果，而无需等待其他处理器核心的同步资源。调度器根据任务队列是否全部执行完成继续为该核心分派处理任务。以目前 10 个计算节点，每个节点 12 个核心为例，则任务并行度为 120，并且单个处理任务执行一个完整的产品生产过程，这种粗粒度的任务并行方式对比细粒度的数据并行，可以省去同步等待的耗费。

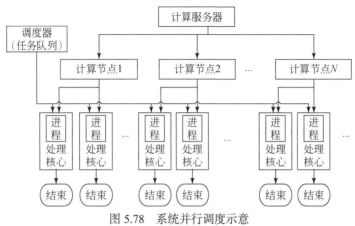

图 5.78　系统并行调度示意

5.5.2　自动化生产方案

自动化生产的关键是将用户需求解析成系统可以自动执行的业务流程（脚本），是系统实现自动化生产的关键。结合每个定量遥感产品的输入输出信息、产品生产需求，以及数据库中存储数据的元信息等先验知识库进行综合解析，将用户的生产需求解析成可被计算机执行的任务脚本。业务流程包含算法输入分析和静态生产脚本生成两大部分。

1）算法输入分析

定量遥感产品生产算法输入参数具有层次嵌套、输入参数个数不固定的特点，此外，由于定量遥感产品输入参数具有多源性，存在输入参数间，以及输入参数与输出产品间的时间分辨率、空间分辨率、数据格式不一致等情形。

（1）嵌套层级关系。

定量遥感产品的输入参数如图 5.79 所示，以生产 1km 植被覆盖度产品 (FVC) 为例，最直接的输入参数有 VI/1km 和 MCD12Q1 两种类型，但是 VI/1km 又需要如图 5-9(a) 中所示的 MODIS-Terra、MODIS-Aqua、FY-3A-MERSI、FY-3A-VIRR、FY-3B-MERSI、FY-

3B-VIRR、MCD43B1 和 MCD12Q1 8 种类型的输入数据。特别地，对于像植被净初级生产力（NPP）这样的高层级产品，需要的直接和间接的输入参数将更复杂。

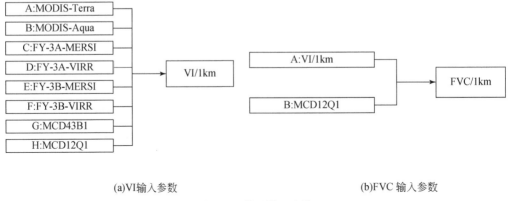

(a)VI输入参数　　　　　　　　　　　(b)FVC 输入参数

图 5.79　算法输入参数

（2）不固定的生产开始点。

由于定量遥感产品具有递归层级关系的特点，用户需求的多变导致某一时刻数据库中为不同区域同一产品生产存储着不同级别的数据，即产品生产时，无法即时知道每一个产品生产任务的生产开始点。例如，用户 A 需要中国湖南的 VI 产品，已经生产完成并存入数据库编目，当用户 B 需要中国全境的 FVC 产品时，产品生产的开始点分为两类：①对于中国湖南的 FVC，直接通过 FVC 产品生产算法，使用 VI 和 MCD12Q1 进行生产，产品生产的深度为 1；②对于中国除湖南以外其他区域的 FVC，需要先调用 VI 产品生产算法生产 VI，再使用 VI 和 MCD12Q1 生产 FVC，产品生产的深度为 2。

将产品生产的最大深度定义为产品生产级别，如 FVC 的产品级别为 2，VI 的产品级别为 1。特别地，当产品级别更高、输入使本系统负责生产的定量遥感产品参数更多时，产品生产的开始点问题将更复杂。

（3）输入参数不固定。

以固定幅宽大小生产定量遥感产品时，两方面的原因导致产品生产算法的输入参数个数不固定：①卫星在不同区域的过境周期及覆盖情况不一致，接收到的数据量不一样；②卫星数据在接收、处理和数据存储等多方面导致不同区域或者同一区域不同时间的数据量不一样。输入参数的个数不固定导致系统需要适应可变的输入参数个数，但是对于每一种定量遥感产品，如果能够生产必须满足一定的输入参数限制条件。以 VI/1km 为例，结合图 5.80(a) 进行说明：VI/1km 的输入参数数量关系如式 (5-9) 所示，A~F 共 6 类输入参数，总的个数之和必须大于等于 1，G 和 H 两类输入参数必须每类输入参数的个数都大于等于 1。

$$\left\{ \{\{(A, x1) \cup (B, x2) \cup (C, x3) \cup (D, x4) \cup (E, x5) \cup (F, x6) \cup (G, x7) \cup (H, x8)\} \Rightarrow (\text{VI}, 1)\} \right.$$

$$\left| \left\{ \sum_{i=1}^{6} xi \geq 1, x7 \geq 1, x8 \geq 1 \right\} \right\} \quad (5\text{-}9)$$

2）用户输入解析成静态任务脚本

用户输入解析成任务脚本文件的步骤包含：规则和形式化描述；建模；生成任务脚本。下面结合算法输入的特点介绍对每一步的实现。

（1）规则和形式化描述。

定量遥感产品算法的输入参数层次嵌套、个数不固定等问题导致定量遥感产品的流程化生产复杂程度高，因此，将需要处理的全部定量遥感产品建立规则和形式化描述。首先对产品算法的输入按数据源和产品类型规则进行分级分类，如图 5.80 所示，将 VI 的输入参数分成 A~H 8 类，VI 的输入参数不需要系统进一步生产，因此，将 VI 的产品级别定义为 1，相应地，由于 FVC 需要本系统进行 VI 生产，将 FVC 的产品级别定义为 2；然后对产品的每类输入参数关系进行约束，形成形式化描述，产品 VI 的输入约束关系如式（5-9）所示，产品 FVC 的输入约束关系如式（5-10）所示：

$$\left\{\left\{\{(A, x1) \cup (B, x2)\} \Rightarrow (FVC, 1)\}|\{x1 \geq 1, x2 \geq 1\}\right\} \right. \tag{5-10}$$

（2）建模。

建模是将规则和形式化描述进行计算机表达，建立计算机可以识别、处理的模型。建模基于 XML 语言实现，每个输入参数由 9 项定义构成，输出参数由 14 项定义构成，分别如表 5.10 和表 5.11 所示：

表 5.10　输入参数建模表

编号	名称	描述	备注
1	TName	输入参数来源数据库表	
2	GridType	输入参数的网格查找表	
3	Order	输入参数的顺序号	
4	IsEnd	输入参数是否还需要本系统进一步生产	
5	SpatialResolution	输入参数的空间分辨率	
6	TimeSpanResolution	输入参数的时间分辨率	
7	InputDuration	输入参数的时间段大小	
8	DurationTimeForward	输入参数与输出产品的时间刻度对齐方式	
9	IsSubdivide	输入参数是否分幅	

对于如式（5-9）所示的 $\sum_{i=1}^{6} xi \geq 1$ 约束项，将该项中的不同输入理解为同质输入进行合并，则 VI 在建模后的输入为 3 个，FVC 的输入没有合并项，依然为两个。

表 5.11　输出产品参数建模表

编号	名称	描述	备注
1	TName	产品入库的数据库表	
2	ExeF	产品生产时所使用的算法程序名	
3	QPNamePrefix	产品文件命名的前缀	
4	QAVersion	产品版本号	
5	SpatialResolution	产品空间分辨率	
6	GridType	产品的网格查找表	
7	TimeSpanResolution	产品的时间分辨率	
8	IsSynthesis	产品是否是合成的	
9	TypeID	产品编号	
10	IsSubdivide	产品是否分幅	
11	DbExe	产品入库所使用的入库程序名	
12	PLevel	产品级别	
13	CompelDoWork	产品是否强制执行	
14	StatusCount	产品流程内部使用的程序数量	

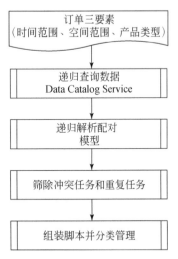

图 5.80　任务脚本生成流程

（3）任务脚本生成。

任务脚本生成是将用户选择的订单三要素（时间范围、空间范围、产品类型）按照产品的时间分辨率基准、单景/幅空间基准转换成系统内部的任务单元；结合产品生产建模规则在数据服务中递归查询数据；将任务单元和查询到的数据遵照建模规则进行任务解析和配对；筛除由不同生产分支导致的冲突任务和数据库已经生产完的重复任务；将订单需求中剩下的必须生产而又可以生产的任务单元生成可执行的脚本文件，并按建模规则设计的产品生产优先级将脚本文件分类管理。任务脚本生成的流程如图5.80所示。

5.5.3　功能结构

定量遥感产品生产分系统的核心是一个共性遥感产品反演算法模块池。池中集成了本书共性遥感产品算法研究的关键技术成果，包括全球和重点区域共四十余种共性遥感产品。

定量遥感产品生产分系统的功能包括数据筛选配对、数据准备、产品生产和产品入库 4 个子功能模块，如图 5.81 所示。

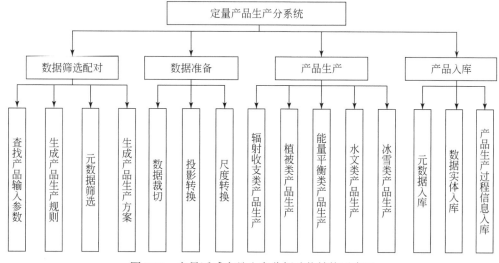

图 5.81　定量遥感产品生产分析功能结构示意图

（1）数据筛选配对。

根据定量遥感产品生产算法要求，从数据库和外部系统中获取生产所需的数据和其他参数，并根据产品生产规则进行生产前的数据配对。

（2）数据准备。

数据准备是在定量遥感产品生产之前，根据定量遥感产品算法的输入需求，对配对后的数据集进行投影转换、尺度转换、数据裁剪等操作，保证输入数据的合法和可用。

（3）产品生产。

该功能模块是集成定量遥感产品生产算法，包含辐射收支、植被、能量平衡、水文和冰雪等五大类四十余种，并在系统中实现基于任务并行的产品快速生产。

（4）数据入库。

该功能模块是将定量遥感算法产生的结构数据入库，包含产品的元数据、数据实体入库和产品生产过程信息入库。

5.5.4　任务流程

定量遥感产品生产分系统基于标准化的算法接口和定量遥感产品体系生成定量遥感产品生产流程。由运行管理分系统根据用户的生产需求来自动驱动产品生产，根据自动化任务解析的结果，从数据管理分系统中获取生产所需标准产品、定量产品和其他的配套辅助数据，在运行管理系统的调度下完成定量遥感产品生产，并将生成的定量遥感产品存入数据库，定量遥感产品生产分系统与其他分系统的接口如图 5.82 所示，定量遥感产品生产流程如图 5.83 所示。

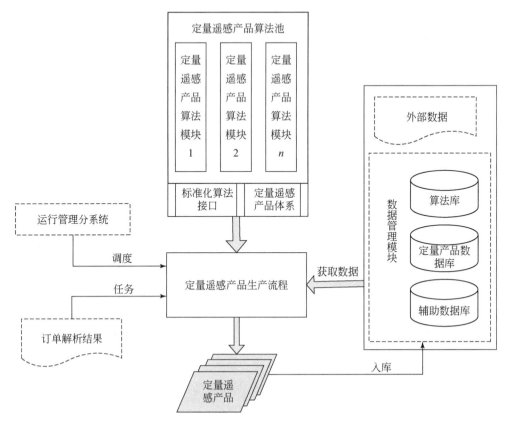

图 5.82　定量遥感产品生产分系统与其他分系统的接口

定量遥感产品生产的主要工作流程有定量遥感产品生产过程和数据筛选配对过程。

1）共性产品生产

（1）运行管理分系统启动任务；

（2）获取数据；

（3）共性产品生产；

（4）产品入库。

2）数据筛选配对

5.5.5　接口设计

1）用户接口

多源定量遥感产品生产分系统无用户直接交互接口。

2）外部接口

外部接口定义为多源定量遥感产品生产分系统与其他分系统之间的接口，主要为与数据管理分系统和运行管理分系统之间的接口。

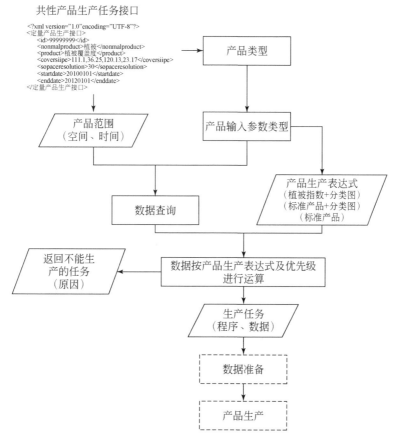

图 5.83　定量遥感产品生产流程

（1）与数据库分系统的接口。

从数据库中获取辅助数据、标准产品、定量产品，以及算法流程、参数信息进行定量产品生产，生产完成后的定量产品进入数据库。

（2）与运行管理分系统的接口。

提供运行管理分系统调度的接口，供运行管理分系统进行算法程序调度；报告算法状态给运行管理分系统。

5.5.6　定量产品数据结构与命名

1）定量产品的层次结构

对于不同的定量产品，有些为一个数据集，有些为多个数据集，将这一个或多个数据集存放于一个组中，即定量遥感产品文件中只有一个组，因此，定量遥感产品文件与组的属性相同，所以只保存定量遥感产品文件的属性，将组的属性去掉，即 HDF 文件的第二级只有组。以 NDVI 为列，其 HDF 文件结构如图 5.84 所示。第一级为组和文件的属性，如图 5.84 所示，只有一个组，即 NDVI；文件属性信息列出了 SpatialResolution、Raw Data Name、Production Tine、Algorithm Name、Grid Num 等。第二级为数据集，如图 5.84 所示，包含 EVI 和 NDVI 两个数据集，组的属性与文件属性相同，省略。第三级为数据集的属性，如图 5.84 所示，如 EVI 里包含了 Unit、LongName、ScaleFactor、AddOffset、ValidRange、FillValue 等属性。

图 5.84　HDF 格式的产品文件三级存储结构图

2）定量遥感产品命名

定量遥感产品采用单组结构的 HDF 文件进行存储管理。根据前述定量遥感产品 HDF 文件结构，其命名包含定量产品文件命名、定量产品的产品名、定量产品属性命名、定量产品组命名、定量产品组的数据集命名和定量产品数据集的属性命名。

（1）定量产品文件命名。

定量遥感产品的文件名为点分 7 段格式，其命名规则如下。

a. 名称中每个元素间由 "." 来分隔；

b. 第 1 个、第 2 个、第 3 个元素为参见附表，分别为系统缩写、产品缩写、数据空间分辨率；

　　c. 第 4 个元素为数据获取时间，包含 13 个字节，格式为 YYYYDDDHHMMSS，包括年和 Julian Day，以及 24 小时制时、分钟、秒（HHMMSS 可以分别用 00 补齐）；

　　d. 第 5 个元素为网格编号，包含 6 个字节，其格式为 HxxVyy，H 为网格的行，xx 为行编号，V 为网格的列，yy 为列编号（无网格编号的则为 HXXVXX）；

　　e. 第 6 个元素为算法版本号，包含 3 个字节，为三位数字，格式为 xxx，从 001 开始；

　　f. 第 7 个元素为文件的格式，包含 2 个字节，本规范中采用 HDF5 格式，为 h5。

　　例如，　MuSyQ.AOD.1km.2006001000000.h08v05.005.h5

　　　MuSyQ 系统缩写

　　　.AOD—产品缩写，本规范中为地表反照率产品

　　　.1km—产品分辨率，此处表示 1km

　　　.2006001000000—数据获得时间 (YYYYDDDHHMMSS)

　　　.H08V05—分片标示 (水平 XX，垂直 YY)

　　　.005—算法版本号

　　.h5—数据格式 (HDF)

　　（2）定量产品的产品名。

　　定量产品的产品名，字节数不固定，结合分辨率唯一确定一种产品，见表 5.12。

表 5.12　定量产品的产品名

编号	类别	中文遥感产品名称	空间范围	空间分辨率	时间分辨率	产品标识
1		1km 气溶胶光学厚度	全球	1km	1 天	MuSyQ. AOD.1km
2		30m 气溶胶光学厚度	重点区域	30m	10 天	MuSyQ. AOD.30m
3		1km 大气水汽含量	全球	1km	1 天	MuSyQ.TCWV.1km
4		1km 云指数	全球	1km	1 天	MuSyQ.CLI.1km
5		5km 下行短波辐射	全球	5km	1 天	MuSyQ.DSR.5km
6		1 km 下行短波辐射	重点区域	1km	1 天	MuSyQ.DSR.1km
7		5km 下行长波辐射	全球	5km	1 天	MuSyQ.DLR.5km
8	辐射收支与水热通量参数	1km 下行长波辐射	重点区域	1km	1 天	MuSyQ.DLR.1km
9		5km 光合有效辐射	全球	5km	1 天	MuSyQ.PAR.5km
10		1km 光合有效辐射	重点区域	1km	1 天	MuSyQ.PAR.1km
11		1km 地表反射率	全球	1km	—	MuSyQ.REF.1km
12		30m 地表反射率	重点区域	30m	—	MuSyQ.REF.30m
13		1km 二向反射分布函数	全球	1km	—	MuSyQ.BRDF.1km
14		30m 二向反射分布函数	重点区域	30m	—	MuSyQ.BRDF.30m
15		1km 反照率	全球	1km	5 天	MuSyQ.LSA.1km

续表

编号	类别	中文遥感产品名称	空间范围	空间分辨率	时间分辨率	产品标识
16		30m 反照率	重点区域	30m	16 天	MuSyQ.LSA.30m
17		1km 地表温度	全球	1km	1 天	MuSyQ.LST.1km
18		5km 地表温度		5km	1 天	MuSyQ.LST.5km
19		300m 地表温度	重点区域	300m	4 天	MuSyQ.LST.300m
20		1km 水指数	全球	1km	1 天	MuSyQ.NDWI.1km
21		30m 水指数	区域	30m	10 天	MuSyQ.NDWI.30m
22		1km 土壤湿度指数	全球	1km	1 天	MuSyQ.SMI.1km
23		1km 土壤亮度指数	全球	1km/30m	—	MuSyQ.SBI.1km
24		30m 土壤亮度指数				MuSyQ.SBI.30m
25		1km 发射率	全球	1km	1 天	MuSyQ.LSE.1km
26	辐射收支与水热通量参数	5km 净辐射	全球	5km	1 天	MuSyQ.NRD.5km
27		300m 净辐射	重点区域	300m	4 天	MuSyQ.NRD.300m
28		0.1° 降水量	全球	0.1°	1 天	MuSyQ.PRE.10km
29		25km 土壤水分	全球	25km	5 天	MuSyQ.SM.25km
30		1km 空气动力学粗糙度	全球	1km	5 天	MuSyQ.ADR.1km
31		30m 空气动力学粗糙度	重点区域	30m	10 天	MuSyQ.ADR.30m
32		1km 感热通量	全球	1km	1 天	MuSyQ.SHF.1km
33		300m 感热通量	重点区域	300m	10 天	MuSyQ.SHF.300m
34		1km 潜热通量	全球	1km	1 天	MuSyQ.LHF.1km
35		300m 潜热通量	重点区域	300m	10 天	MuSyQ.LHF.300m
36		30m 土地覆盖	重点区域	30m	1 月	MuSyQ.LC.30m
37		25km 蒸散	全球	25km	5 天	MuSyQ.ET.25km
38	植被结构与生长状态参数	1km 植被精细分类	全球	1km	1 年	MuSyQ.VSC.1km
39		30m 植被精细分类	重点区域	30m	3 月	MuSyQ.VSC.30m
40		1km 归一化植被指数	全球	1km	5 天	MuSyQ.NDVI.1km
41		30m 归一化植被指数	重点区域	30m	10 天	MuSyQ.NDVI.30m
42		1km 增强植被指数	全球	1km	5 天	MuSyQ.EVI.1km
43		30m 增强植被指数	重点区域	30m	10 天	MuSyQ.EVI.30m
44		1km 抗大气植被指数	全球	1km	5 天	MuSyQ.ARVI.1km
45		30m 抗大气植被指数	重点区域	30m	10 天	MuSyQ.ARVI.30m

编号	类别	中文遥感产品名称	空间范围	空间分辨率	时间分辨率	产品标识
46	植被结构与生长状态参数	30m 植被覆盖度	重点区域	30m	10 天	MuSyQ.FVC.30m
47		1km 植被覆盖度	全球	1km	10 天	MuSyQ.FVC.1km
48		1km 叶面积指数	全球	1km	5 天	MuSyQ.LAI.1km
49		30m 叶面积指数	重点区域	30m	10 天	MuSyQ.LAI.30m
50		30m 叶绿素含量	重点区域	30m	10 天	MuSyQ.CHL.30m
51		1km 物候期	全球	1km	—	MuSyQ.PHN.1km
52		1km 光合有效辐射吸收比例	全球	1km	5 天	MuSyQ.FPAR.1km
53		30m 光合有效辐射吸收比例	重点区域	30m	10 天	MuSyQ.FPAR.30m
54		1km 植被的净初级生产力	全球	1km	5 天	MuSyQ.NPP.1km
55		300m 植被的净初级生产力	重点区域	300m	10 天	MuSyQ.NPP.300m
56	全球冰雪变化关键参数	1km 冰雪面积	全球	1km	5 天	MuSyQ.ISC.1km
57		25km 雪水当量	全球	25km	5 天	MuSyQ.SWE.25km
58		5km 冰盖高程	区域	5km	90 天	MuSyQ.IE.5km
59		1km 海冰分布	全球	1km	10 天	MuSyQ.SID.1km
		500m 海冰分布	区域	500m	30 天	MuSyQ.SID.500m
60		1km 冰盖及海冰温度	区域	1km	30 天	MuSyQ.SIT.1km
61		300km 冰雪质量变化	全球	300km	30 天	MuSyQ.ISM.300km
62	矿物探测关键参数	30m 硅化异常指数	全球	30m	1 年	MuSyQ. SAI.30m
63		30m 羟基异常指数	全球	30m	1 年	MuSyQ. HAI.30m

（3）定量产品属性命名。

对定量产品进行描述的属性如表 5.13 所示。

表 5.13　定量产品的属性命名

属性名	统一命名字符串	数据类型	备注
空间分辨率	SpatialResolution	String	
获取时间	AcquisitionTime	String	YYYYDDDHHMMSS 产品开始时间
产品生产时间	ProductionTime	String	YYYYDDDHHMMSS
算法名	AlgorithmName	String	
网格编号	GridNum	String	
定量产品名称	QuanProductName	String	

属性名	统一命名字符串	数据类型	备注
波段数	NumBand	String	
投影方式	Projection	String	
投影字符串	ProjectionStr	String	
尺寸	Size	String	width ,Height
投影6个参数	ProjectionPara	String	para1, para2, para3, para4, para5, para6 顺序与 GDAL 一致

（4）定量产品组命名。

每一个定量遥感产品的 HDF5 文件中都有其对应的产品组，对于定量遥感产品，其组名参考（2）中最后一列"产品标识"中用点分成的字符串中第二个字符串。

（5）定量产品组的数据集命名。

根据第3章中确定的数据集存放规则，每个数据集只存放一个波段的数据，如果一个定量产品存在多个波段，则存在多个数据集，对每个数据集分开命名，如表 5.14 所示，其他产品的命名格式与 NDVI 一致。

表 5.14　定量遥感产品组的数据集命名

数据集名	统一命名字符串	备注
NDVI 产品	DataSet_ SpatialResolution_NUM	SpatialResolution：分辨率，NUM：定量产品的波段编号
EVI 产品	DataSet_ SpatialResolution_NUM	

注：此表为举例说明，以植被指数产品为例。

（6）定量产品数据集的属性命名。

针对每一个数据集表示的波段数据，需描述其特有的属性，如表 5.15 所示。

表 5.15　定量遥感产品数据集的属性命名

属性名	统一命名字符串	数据类型	备注
物理单位	Unit	String	
数据说明	LongName	String	
伸缩比率	ScaleFactor	String	
偏移	AddOffset	String	
有效值范围	ValidRange	String	

5.5.7　系统实现

1）系统的功能实现

在不同的分布式系统下执行算法任务，在概念上都存在如下几个过程：任务脚本的构建、任务的提交、任务执行状态的监控和任务结果的返回。可以观察到这些过程都是围绕这一项具体任务来展开的，因此，我们需要将任务抽象出来，在其之上构建相关的功能接口。以本系统为例，本系统基于 Torque PBS(Torque，2014) 来进行任务调度，我们先将一般的 PBS 任务进行抽象，使其成为 PbsJob 类，PbsJob 封装了一般的 PBS 任务执行所需要的属性和方法，如脚本的地址、PBS 任务的编号，以及之前提到的对任务的各种基本操作。

　　定量遥感产品的生产任务相比于一般 PBS 任务来说，需要关注几个额外的方面，首先，每一个任务在数据库中可能是需要有相应的记录的，任务状态的改变，如任务成功、失败、超时等，需要在数据库中及时更新。所以在 PbsJob 基础上派生的定量产品生产任务类 PbsJob_QP 需要维护一个任务记录类 (Task) 的对象，用来跟踪数据库内的任务记录。本领域模型中的 Task 指的是数据库层面的任务记录，而 Job 则指的是在分布式计算系统中执行的 PBS 任务。其次，生产任务的结果不光体现在返回的文本信息上，我们需要的是磁盘上的产品文件，PbsJob_QP 需要知道自己生产出来的产品是什么，在哪里，还需要负责将生产完成的产品拷贝到存储服务器上，并在数据库中相应的表里增加一条产品记录，因此，PbsJob_QP 需要维护一个产品类 (Product) 的对象。之前提到过系统的计算资源和存储资源经常是分开的，所以 PbsJob_QP 还需要负责将输入数据上传到计算节点上。这就要求 PbsJob_QP 包含所有相关输入数据对象的引用，其类型是 IUploadable，即实现了底层的数据上传业务逻辑。

　　对于任务状态的监控，我们选择了常规的轮询策略，即每隔一段时间就查询一次当前任务状态，直至侦测到任务完成为止。轮询显然应该被实现为一个异步操作，需要后台线程来完成。我们创建了 PbsJobResult 枚举，表示任务可能出现的若干种完成状态，是对已完成的任务状态的细分，如成功、运行失败、超时等。

　　另外，一个 PbsJob_QP 只代表生产一个产品的原子任务，要实现多级产品的级联生产，则需要应用层代码对多个 PbsJob_QP 进行必要的排布和组合。

　　在实现时，我们用 PbsJob_QP 中的 AsyncRun() 函数封装一个任务全部的执行流程，包括任务的提交，在任务执行过程中不断地监控任务状态，判断任务的成功或失败，生产成功之后进行产品下载和数据库更新等，而且是异步执行的。PBS 任务脚本在 PbsJob_QP 的构造函数中就被创建了，参数是订单配置之后得到的任务计划类 (ConcretePlan) 的实例。构造 PbsJob_QP 时的可选参数是 Task，如果提供了一个 Task 类的实例，那么 PbsJob_QP 就会跟踪维护 Task 在数据库中的记录，否则这个 PbsJob_QP 就是一个临时任务，在数据库中没有相应的记录。

　　对于每一类具体产品的生产任务，我们又从 PbsJob_QP 派生出了相应的类，这些类才是应用层代码真正会使用的类。例如，生产 30m 分辨率的植被指数 VI 产品的 PBS 任务类叫做 PbsJob_VI30m。它在业务逻辑上完全继承了 PbsJob_QP，只不过使用了更具体的 Plan 和 Task 类型，即 Plan_VI30m 和 Task_VI30m。

　　我们将如图 5.85 所示的相关领域模型描述如下。

　　PbsJob：是对一般 PBS 任务的抽象，作为基类实现了一般 PBS 任务远程调度的基础方法体系，包含 PBS 脚本的上传、任务脚本的提交、任务状态的监控和任务结果的返回等。特别强调此类是一般 PBS 任务的抽象，并没有涉及产品生产任务的概念。

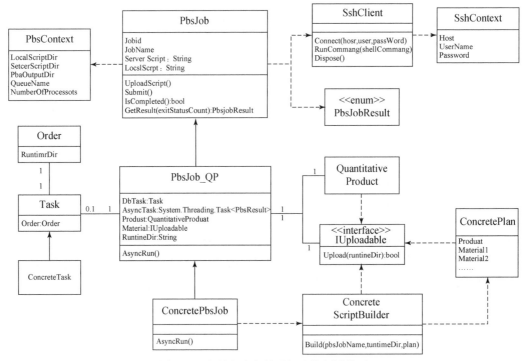

图 5.85　产品生产与辅助调度的领域模型

PbsJob_QP：是对产品生产 PBS 任务的抽象，在 PbsJob 的基础上增加了产品生产任务所额外关注的属性和业务逻辑。其 AsyncRun() 方法整合了一个生产任务的全部流程，且提供了异步的实现。可以认为此类是一种抽象类，因为它只提供了共性的业务逻辑，还没有涉及具体的产品类型。

ConcretePbsJob：具体到某一类产品生产的 PBS 任务的抽象，在 PbsJob_QP 的基础上使用了与产品类别相应的 ConcretePlan，ConcreteTask 和 ConcreteProduct。每一类生产任务都有一个 ConcretePbsJob 的实现，它们才是应用层代码真正使用到的生产任务类。

PbsContext：静态类，集中了所有与分布式系统 PBS 相关的配置信息，如主控节点上存放 PBS 任务标准输出和标准错误文本的位置，PBS 脚本存放的位置，PBS 任务的队列名称，任务需求的虚拟内核数量等。每次读取属性时都会重新读取配置文件，所以支持配置信息的即时修改。如果不使用 PBS，则此类内容为所采用的分布式系统的各类配置信息。

SshContext：静态类，集中了所有与 SSH 连接相关的配置信息，主要是主控节点的 IP 地址，以及所使用的用户名和密码。Context 这种模式也是领域驱动设计中所推荐的，将相关的背景信息整合在一处，便于使用和更新。

SshClient：封装了一个 SSH 连接，支持远程 SSH 命令的调用与结果（标准输出与标准错误）的返回。PbsJob 的各类操作与主控节点的通信都是通过 SshClient 完成的。SshClient 可以从第三方的 SSH 库中得到，一般不需要自己实现。如若使用其他的远程连接方式，则也可以依照此类构建相应的类。

PbsJobResult：PbsJob 完成状态的枚举类，是对已经完成的任务的状态的进一步细分，包括成功、运行失败、超时、数据上传失败和数据下载失败。

Task：任务记录类，是生产任务在数据库中的记录，根据产品类型的不同又被派生为更具体的 ConcreteTask。需要说明的是，在逻辑上一个订单可以包含许多 Task，对于 Order 和 Task 的对应关系，我们选择让每个 Task 都维护一个自己所属的 Order 的引用，而不是在 Order 中维护一个 Task 的集合。这是因为 Task 是可以和 PbsJob_QP 一一对应的，我们在使用时通过和 PbsJob_QP 相对应的 Task 来调用 Order，而不是通过 Order 来查找 Task。这样会节省很多集合索引操作，并且更贴近模型的现实意义，即一个 Task 记录了相应的 PbsJob_QP。

2）系统操作界面

图 5.86 是多源协同定量遥感产品生产系统的主界面，用户只需要选择产品类型、时间和空间范围（订单三要素）就可以完成相应的产品生产，然后在订单管理界面查询订单的生产状态，在数据查询界面中查询生成的产品列表并导出。

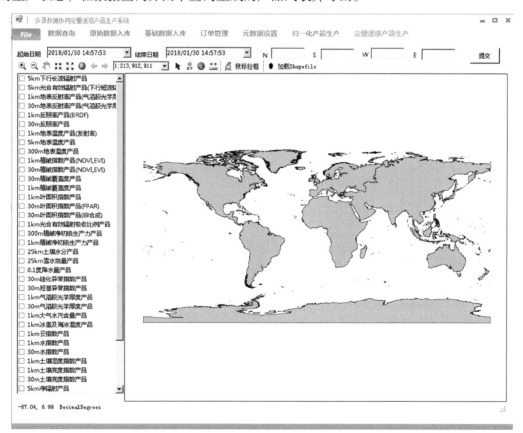

图 5.86　定量遥感产品生产系统

参 考 文 献

卞林根, 林学椿. 2005. 近 30 年南极海冰的变化特征. 极地研究, 17(4):233-244.

陈宏, 许华, 李家国, 等. 2009. 基于 MODIS 的海表面温度反演系统设计与实现. 遥感信息, (2):76-80.

高帅, 柳钦火, 康峻, 等. 2015. 中国与东盟地区 2013 年 1km 分辨率植被净初级生产力数据集（MuSyQ-

NPP-1km-2013). 全球变化科学研究数据出版系统 .

侯伟真 , 李正强 , 张玉环 , 等 . 2013. 基于 C# 和 Matlab 的 HJ-1-CCD 气溶胶光学厚度反演系统的开发 . 遥感信息 , 28(5):28-31.

康建成 , 唐述林 , 刘雷保 . 2005. 南极海冰与气候 . 地球科学进展 , 20(7): 786-793.

康峻 , 高帅 , 牛铮 , 等 . 2014. 一种基于多时相遥感数据及光谱数据的全球精细植被分类方法 : 中国科学院遥感与数字地球研究所 , 201410166106.9.

卢乃锰 , 董超华 , 杨忠东 , 等 . 2012. 我国新一代极轨气象卫星 (风云三号) 工程地面应用系统 . 中国工程科学 , 14(9):10-19.

吕雪锋 , 程承旗 , 龚健雅 , 等 . 2011. 海量遥感数据存储管理技术综述 . 中国科学 : 技术科学 , (12):1561-1573.

李静 , 曾也鲁 , 柳钦火 , 等 . 2015a. 中国与东盟 1km 分辨率 NDVI 数据集 (2013) (MuSyQ-NDVI-1km-2013). 全球变化科学研究数据出版系统 .

李静 , 柳钦火 , 尹高飞 , 等 . 2015b. 中国与东盟 1km 分辨率叶面积指数数据集 (2013)(MuSyQ-LAI-1km-2013). 全球变化科学研究数据出版系统 .

李丽 , 范闻捷 , 杜永明 , 等 . 2015. 基于 SAIL 模型模拟的农作物冠层直射与散射光合有效辐射吸收比例特性研究 . 北京大学学报 (自然科学版), 01:99-108.

马丽娟 , 陆龙骅 , 卞林根 . 2004. 南极海冰的时空变化特征 . 极地研究 , 16(1):29-37.

穆西晗 , 柳钦火 , 阮改燕 , 等 . 2015. 中国—东盟 1km 分辨率植被覆盖度数据集 (MuSyQ-FVC-1km-2013). 全球变化科学研究数据出版系统 .

穆西晗 , 柳钦火 , 阮改燕 , 等 . 2017. 中国—东盟 1 km 分辨率植被覆盖度数据集 . 全球变化数据学报 , 1(1):45-51.

闫彬彦 , 徐希孺 , 范闻捷 . 2012. 行播作物二向性反射 (BRDF) 的一体化模型 . 中国科学 : 地球科学 , 42(3): 411-423.

杨海平 , 沈占锋 , 骆剑承 , 等 . 2013. 海量遥感数据的高性能地学计算应用与发展分析 . 地球信息科学学报 , 15(1):128-136.

赵静 , 李静 , 柳钦火 , 等 . 2015. 联合 HJ-1/CCD 和 Landsat 8/OLI 数据反演黑河中游叶面积指数 . 遥感学报 , 19(5)：733-749.

Allen J R, Long D G. 2006. Microwave observations of daily antarctic sea-ice edge expansion and contraction rates. IEEE Geoscience and Remote Sensing Letters, 3(1):54-58.

Bjorgo E, Johannessen O M, Miles M W. 1997. Analysis of merged SMMR-SSMI time series of Arctic and Antarctic sea ice parameters 1978-1995. Geophysical Research Letters, 24(4):413-416.

Dean J, Ghemawat S. 2008. MapReduce: simplified data processing on large clusters. Conference on Symposium on Opearting Systems Design & Implementation. USENIX Association, 10-10.

Fan W J, Xu X R, Liu X C et al. 2010a. Accurate LAI retrieval method based on PROBA/CHRIS data. Hydrology and Earth System Sciences, 14(8): 1499-1507.

Fan W J, Yan B Y, Xu X R. 2010b. Crop area and leaf area index simultaneous retrieval based on spatial scaling transformation. Science China Earth Sciences, 53(11): 1709-1716.

Fraser A D, Massom R A, Michael K J. 2009. A method for compositing polar MODIS satellite images to remove cloud cover for landfast sea-ice detection. IEEE Transactions on Geoscience and Remote Sensing, 47(9):3272-3282.

Fraser A D, Massom R A, Michael K J. 2010. Generation of high-resolution East Antarctic landfast sea-ice maps from cloud-free MODIS satellite composite imagery. Remote Sensing of Environment, 114(12):2888-2896.

Grenfell T C, Perovich D K. 1984. Spectra albedos of sea ice and incident solar irradiance in the southern Beaufort sea. J Geophys Res, 89(C3): 3573-3580.

Ghemawat S, Gobioff H, Leung S T. 2003. The Google file system. ACM SIGOPS Operating Systems Review. ACM, 37(5): 29-43.

Jacobs S S, Giulivi C F, Mele P A. 2002. Freshening of the Ross Sea during the Late 20th Century. Science, 297(5580):386-389.

Li L, Du Y M, Tang Y, et al. 2015b. A new algorithm of FPAR product in the Heihe River Basin considering the contributions of direct and diffuse solar radiation separately. Remote Sensing, 7(5): 6414-6432.

Li L, Xin X Z, Zhang H L, et al. 2015a. A method for estimating hourly photosynthetically active radiation(PAR) in China by combining geostationary and polar-orbiting satellite data. Remote Sensing of Environment, 165: 14-26.

Riggs George A, Hall Dorothy K, Ackerman Steven A. 1999. Sea ice extent and classification mapping with the moderate resolution imaging spectroradiometer airborne simulator. Remote Sens Environ, 68: 152-163.

Rivas M B, Stoffelen A. 2011. New bayesian algorithm for Sea Ice Detection With QuikSCAT. IEEE Transactions on Geoscience and Remote Sensing, 49(6):1894-1901.

Spreen G, Kaleschke L, Heygster G. 2008. Sea Ice Remote Sensing Using AMSR-E 89 GHz Channels. Journal of Geophysical Research, 113, C02S03.

Stroeve J, Holland M M, Meier W, et al. 2007. Arctic sea ice decline: faster than forecast. Geophysical Research Letters, 34(9): 1-11.

Shi W, Wang M H. Sea ice properties in the Bohai Sea measured by MODIS-Aqua: 2. Study of sea ice seasonal and interannual variability.Journal of Marine Systems,95:41-49.

Torque PBS. http://www.adaptivecomputing.com/products/open-source/torque/ [2014-10-16].

Tschudi M A, Maslanik J A, Perovich D K. 2008. Derivation of melt pond coverage on Arctic sea ice using MODIS observations. Remote Sensing of Environment, 112(5):2605-2614.

Van Den Bergh F, Wessels K J, Miteff S, et al. 2012. HiTempo: a platform for time-series analysis of remote-sensing satellite data in a high-performance computing environment. International Journal of Remote Sensing, 33(15):4720-4740.

Wang M, Shi W. 2009. Detection of ice and mixed ice-water pixels for MODIS ocean color data processing. IEEE Trans Geosci Remote Sens, 47: 2510-2518.

Wu X, Budd W F, Lytle V I, et al. 1999. The effect of snow on Antarctic sea ice simulations in a coupled atmo-sphere-sea ice model. Climate Dynamics, 15(2):127-143.

Yin G, Li J, Liu Q, et al. 2015. Regional leaf area index retrieval based on remote sensing: the role of radiative transfer model selection. Remote Sensing, 7(4):4604-4625.

Zeng Y, Li J, Liu Q, et al. 2016. An iterative BRDF/NDVI inversion algorithm based on a posteriori variance esti-mation of observation errors. IEEE Transactions on Geoscience & Remote Sensing, 54(11):6481-6496.

Zhao J, Li J, Liu Q H, et al. 2015. Leaf area index retrieval combining HJ1/CCD and landsat8/OLI data in the Heihe River. Remote Sensing, 7(6)：6862-6885.

Zhao X, Liang S, Liu S, et al. 2013. The Global Land Surface Satellite (GLASS) Remote Sensing Data Processing System and Products. Remote Sensing, 5(5):2436-2450.

第6章　资源调配及任务调度与运行管理系统

6.1　系统中的资源调配与任务调度

本节主要介绍系统中负责资源调配与任务调度的底层机制，即PBS。PBS是用于在批处理系统中进行资源调配与任务调度的一套成熟的解决方案，它通过不同的守护进程（deamon）为集群中的节点赋予不同的角色，并提供一系列命令来执行资源调配与任务调度。下面我们首先描述批处理系统的概念。

6.1.1　批处理系统

批处理系统（batch system）是一群计算机和其他相关资源（网络、存储、授权服务器等）的集合，通过这些角色之间的配合能更迅速地完成大规模的计算任务。最简单的批处理系统仅仅是若干执行单核任务的计算机的集合，由管理员手工就可以进行管理。复杂的批处理系统拥有成千上万不同结构的计算节点，在这些节点上并发地运行着不同用户提交的任务，同时还要对每个节点上软件的授权、硬件、存储和网络等资源进行管理。

将批处理系统中所有的资源池化（pooling），即将所有资源进行合并统一管理与分配，可以有效地减少资源管理的难度，并为用户提供了解系统资源状况的统一视角。在合理进行配置之后，池化的批处理系统可以在运行和管理计算任务的过程中将复杂的底层资源调配细节隐藏起来，并提高资源的可用性。例如，用户只需要指定完成任务所需要的资源总量，而无需关心资源是怎样在每一个计算节点上被分配的。通过池化的资源调配，批处理系统可以并发地运行大量的任务。

典型的批处理系统中一般存在4种角色，分别为主控节点（master node）、提交节点（submit nodes）、计算节点（compute nodes）和资源（resources）。

主控节点负责任务与资源的调度，pbs_server进程在主控节点上运行。根据系统的需要，主控节点可以是专职的，也可以同时兼任其他角色。

提交节点给用户提供了一个任务管理的入口，在提交节点上用户可以提交并查看任务，系统中可以有多个提交节点，主控节点一般都兼有提交节点的功能。

计算节点扮演着系统中的工人，它们的主要职责就是执行计算任务，在计算节点上驻有pbs_mom进程，该进程与主控节点上的pbs_server进程保持通信，接收来自主控节点的命令。

资源是所有节点上资源的统一描述，包括网络、存储和软件授权等。通过一定的调度策略智能分配这些资源可以较大地提高系统的可用性。

在明确了批处理系统的定义之后，我们接着介绍 PBS 的基础工作流程。

6.1.2　PBS 的基础工作流程

一个 PBS 任务的生命周期可以分为 4 个阶段：创建、提交、执行、结束。

（1）创建：一般情况下，除非任务的内容特别简单，每一个 PBS 任务都需要通过一个 PBS 脚本来描述其基本信息、需要使用到的资源和任务内容。以下是一个 PBS 脚本的典型结构，脚本的头部指定了任务的名称（-N）、使用的 Bash Shell 类型（-S）和所需要的资源（-l），这里申请的资源为具有两个计算核心（ppn=2）的一台计算节点（nodes=1），同时限制了任务的运行时间不能超过 240 小时（walltime=240:00:00）；脚本主体部分的三行语句描述了任务的具体执行内容。脚本的尾部一般用于指定一些反馈和清理的工作，这里暂不涉及。

```
#PBS -N jobname
#PBS -S /bin/sh
#PBS -l nodes=1:ppn=2,walltime=240:00:00
source ~/.bashrc
cd $HOME/work/dir
sh job.sh
```

（2）提交：任务可以通过 qsub 命令进行提交，提交之后会根据目前的任务调度策略和其他一系列设置决定执行次序，如果系统负载已满，达不到任务对各项资源的要求，则需要排队之后再被执行。

（3）执行：一个任务的绝大部分时间都处于执行阶段，在任务执行过程中可以通过 qstat 命令查询任务的实时状态。

（4）结束：当任务结束时，在默认情况下，标准输出 stdout 和标准错误 stderr 中的内容会被拷贝至任务提交时的文件夹，分别生成两个相应的文件，也可以指定拷贝的地点。

6.1.3　任务提交与资源调配

PBS 任务都是通过 qsub 命令来进行提交的，qsub 命令接受一系列的参数来指定任务的相关信息，这些信息一般被写在任务脚本当中，然后直接将脚本作为 qsub 命令的参数进行任务提交，如 qsub/home/user/script.sh。只能在提交节点上执行 qsub 命令，主控节点一般都兼任提交节点。

在提交任务时，可以通过 qsub-l 命令申请资源，如 qsub-l nodes=12 就申请了 12 个计算节点。PBS 系统中可以被申请的常用资源类型如表 6.1 所示。

6.1 PBS 系统中可以被申请的常用资源类型**

资源标识	描述
arch	处理器体系结构
cput	任务中所有处理器核心使用的 CPU 时间总和的上限
cpuclock	处理器主频
host	直接指名某个节点
mem	任务中所有处理器核心使用的内存总量上限
nice	任务优先级
nodes	节点的数量,同时还可以指定每个节点中处理器核心的数量(ppn=#),GPU 的数量(gpus=#)等
opsys	操作系统类型
pcput	单个处理器核心使用的 CPU 时间的上限
pmem	单个处理器核心使用的内存上限
pvmem	单个处理器核心使用的虚拟内存上限
software	需要使用的其他软件,如 matlab、python、java 等
vmem	任务中所有处理器核心使用的虚拟内存总量上限
walltime	任务执行真实时间的时限,超时任务将被强制清除

更具体的说明请参考官方文档。

在进行任务提交时,我们将所有的任务信息都包含在一个任务脚本当中,也包括计算资源的申请,具体可以通过 #PBS -l 命令将所需的资源列在脚本的头部。

6.1.4 任务状态查询

PBS 提供了 qstat 命令来查询已被提交任务的状态,例如,

>qstat

Job id Name User Time Use S Queue

-------------------------------- ------------- ----------------------- ----- ---------

11.node31 ndviuser　　0Q low

12.node31 ndviuser 10:32:51C high

13.node31ndviuser 12:56:34 R high

查询的结果如上所示,每一行描述一个任务,包括任务编号(Job id)、任务名(Name)、提交该任务的用户(User)、已经执行的时长(Time Use)、当前任务状态(S)和所属队列(Queue),其中,任务编号是提交任务时系统自动指派的,生成规则为自动递增,node31 是提交任务的节点名称,在使用任务编号指明某一具体任务时可以只使用数字部分

而不需要节点名称，任务名是在任务脚本中由用户通过 #PBS-N 语句自行指定的，PBS 中的任务状态有以下几种，如表 6.2 所示。

表 6.2　PBS 中的任务状态

任务状态标记	解释
Q	排队中：等待其他任务结束释放出足够的计算资源
R	运行中
E	正在结束：任务结束时系统需要做相应的清理与记录工作
C	已经完成

如果用户只关注某个特定任务的状态，则需要在任务提交之后记录任务的 id，然后通过 grep 管道命令的方式只获取与任务相关的那一行。例如，我们只关注 id 为 11 的任务，那么就可以通过 qstat |grep11 的方式只获取与该任务相关的那一行。

得知了任务的 id 之后，可以通过 qdel [id] 命令取消任务，如命令 qdel 11 就可以取消 id 为 11 的任务。

通过不带参数的 qstat 命令获得的只是任务的概要信息，而如果要获得某一任务的详细信息，需要使用 qstat-f [id] 命令。

需要注意通过 qstat 命令查询任务信息是有一定时效限制的，任务完成一段时间之后任务信息将不再被保留。任务信息的保留时间可以通过队列的属性进行设置，具体命令例如：set queue high keep_completed = 1200。

这样就将队列 high 中任务信息的保留时间设置为了 1200 秒，即 20 分钟。队列是节点的分组，可以为不同的队列设置不同的任务执行策略，如优先级、资源限制等。一般根据节点的软硬件配置特点来组织，如将所有带 GPU 的节点组成一个队列，将所有安装了 matlab 的节点组成一个队列。

6.2　运行管理系统的设计与实现

在 6.1 节中，我们已经介绍了系统底层的运行管理机制，即 PBS 批处理系统。在这一节，我们基于 PBS 进一步构建封装了业务逻辑且人机交互友好的运行管理系统控制端。

6.2.1　任务的生命周期

运行管理系统是围绕定量产品生产任务或预处理任务来展开的，这里我们将定量产品生产任务和预处理任务统称为任务，为了介绍运管系统的设计与实现，如图 6.1 所示，我们先定义任务在运行管理系统中的生命周期，图中还标注了任务在生命周期中与 PBS 计算集群的交互关系。

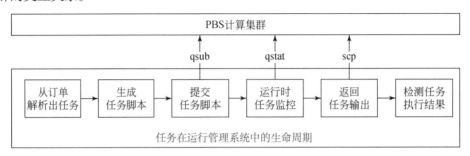

图 6.1　任务在运行管理系统中的生命周期

（1）从订单解析出任务：任务首先是从订单中产生的，作为一个按需生产的系统，会根据订单解析出产品需求，根据需要生产的产品规划生产任务序列。

（2）生成任务脚本：明确了任务之后，系统会自动生成描述了任务具体执行内容的 PBS 脚本。

（3）提交任务脚本：系统会将任务对应的 PBS 脚本上传至计算集群中的主控节点并提交此脚本，提交之后任务会进入队列状态或直接运行。

（4）运行时任务监控：任务被提交至 PBS 之后，系统会持续监控任务在 PBS 中的状态，直至任务结束。

（5）返回任务输出：任务结束后，系统会取回任务生产的产品和在 PBS 执行过程中的输出文件。

（6）检测任务执行结果：系统根据任务输出文件和产品等信息判断任务执行质量，随后将产品和执行信息入库。

6.2.2　运行管理系统的功能结构

运行管理系统的核心任务是保障算法在高性能集群上的自动化运行，要掌控任务生命周期的全过程，必然会涉及与 PBS 的频繁交互、计算集群的配置管理，以及运行管理系统控制端本地的配置管理等功能。运行管理系统划分为如图 6.2 所示的五大功能模块。

（1）连接管理：保障运行管理控制端与计算集群间安全稳定的网络连接，实现从控制端向计算集群发布远程命令并接收命令返回信息，实现控制端与计算集群间的双向文件传输，是运行管理系统运行的基础。

（2）配置管理：维护系统整体运行中涉及的配置信息主要包括系统内所有存储设施挂载情况的配置、集群上算法运行环境的配置，以及运行管理系统控制端在本地的配置，配置信息的改变需要实时生效。

（3）订单管理：结合现有数据情况从订单中解析出产品需求，规划产品生产路径，

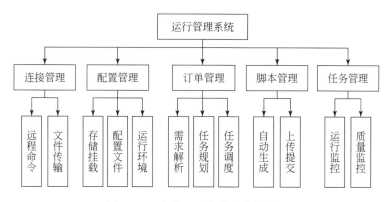

图 6.2　运行管理系统的功能结构

得到需要执行的任务序列，调度并执行任务，将产品返回给用户。

（4）脚本管理：负责各类任务脚本的自动生成，以及脚本的上传与提交，计算任务的具体内容和对计算资源的需求都在脚本中体现。

（5）任务管理：在任务运行过程中实时监控任务的执行状态，及时反馈任务状态的改变或任务的完成，在任务运行时或完成后分析任务执行情况和成果的质量。

接下来分别介绍这五大功能模块的设计与实现。

6.2.3　连接管理

控制端与节点间稳定安全的连接是实现运行管理系统控制端的必要条件。PBS 命令需要在主控节点上执行，主控节点和其他计算节点一般都位于独立的机房当中，而且其运行环境基于 Linux 系统，而非基于人机交互的 Windows 系统，因此，控制端和节点在物理上和运行环境上都是分离的，需要通过远程命令的方式将命令从控制端传递到主控节点进而执行。控制端与集群之间也涉及频繁的文件与数据交互，文件传输更依赖于稳定、快速的网络连接。

在系统实现中我们选择目前使用最广泛的基于 SSH（Secure Shell 安全外壳协议）的连接方式。控制端由 C# 语言编写，而在众多实现了 SSH 协议的 C# 第三方连接库中，我们选择精简，同时也高效的 Renci.SshNet 库。开源的 Renci.SshNet 库支持 SSH、SCP、SFTP 三种连接方式，图 6.3 展示了三种连接在运行管理系统中不同的应用场景。

（1）SSH 是一般性的远程连接，在运行管理系统中负责远程命令的发布，以及命令控制台输出文本的返回；

（2）SCP 是轻量级的文件传输连接，在运行管理系统中负责实时的小文件传输，如 PBS 脚本的上传、PBS 任务控制台输出文件的下载等；

（3）SFTP 是重量级的文件传输连接，支持断点续传，在运行管理系统中负责体量较大的数据与产品实体的传输。

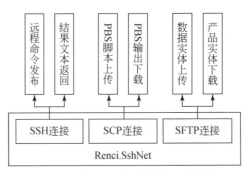

图 6.3　不同连接类型及其应用场景

系统中远程连接涉及的核心功能可以归结为远程命令和文件传输两类，下面分别讨论其实现中的要点。

1）远程命令

（1）命令输出文本的获取。

一次完整的远程命令执行过程除了将命令发布到目标节点，还要能够在执行结束后及时获取命令的输出。Renci.SshNet 库中的 SSH 连接直接提供了相应的功能，其执行远程命令的函数 RunCommand 的返回值就是命令向控制台输出的文本，注意该函数默认采用同步的方式，在命令执行期间会阻塞所属线程。

（2）连接池。

鉴于系统与集群的远程连接较为频繁，需要采取连接池的方式对连接进行管理，连接池的配置参数，如连接数、权限、时限等，都在系统配置文件中维护，连接池为全局单例。

2）文件传输

（1）存在性检验。

每次文件传输之前要检验目标位置文件是否已经存在，系统要定义相同文件存在时的覆盖规则。在只检验同名文件不检验文件内容的情况下，Renci.SshNet 库中的 SFTP 连接提供了直接的 Exists 函数。

（2）存储目录的建立。

目标目录的存在需要系统自行确认，不存在时需要借助 SSH 连接使用远程命令创建目录环境，创建目录环境的操作可封装成专门的函数。

（3）支持 Samba 传输方式。

有些集群开放了 Samba 协议，所以系统也要对 Samba 文件传输方式提供支持。Samba 协议可以实现 Linux 节点和本地 Windows 系统间的磁盘共享，在 Windows 系统上可以像使用本地硬盘一样使用远程 Linux 节点上的硬盘。基于 Samba 协议，文件相关操作就可以通过 C# 提供的文件管理类（System.IO.File）以本地硬盘的方式进行。需要注意的是，在 Samba 协议下，远程文件的路径格式为 IP 地址加上以共享文件夹为起始目录的文件地址，如 \\192.168.1.100\samba\share.txt，其中，192.168.1.100 是节点的 IP 地址，samba 是此节点上被共享的文件夹，share.txt 是该文件夹下的文件。

6.2.4　配置管理

1）配置文件管理

运管系统控制端涉及的配置项都集中在一个配置文件中统一管理，该配置文件以 XML 的格式存储。图 6.4 简要归纳了运行管理系统控制端涉及的四大类配置项，分别是关于远程连接的配置、关于存储环境的配置、关于运行环境的配置和关于控制端本地的配置，注意图中仅列出了典型的配置项，并没有穷尽。

在内存中管理配置项时系统采取了 Context（上下文）模式，每个 Context 类集合并负责维护自己领域的所有配置项及其衍生对象，如 SshContext（远程连接上下文）中就集合

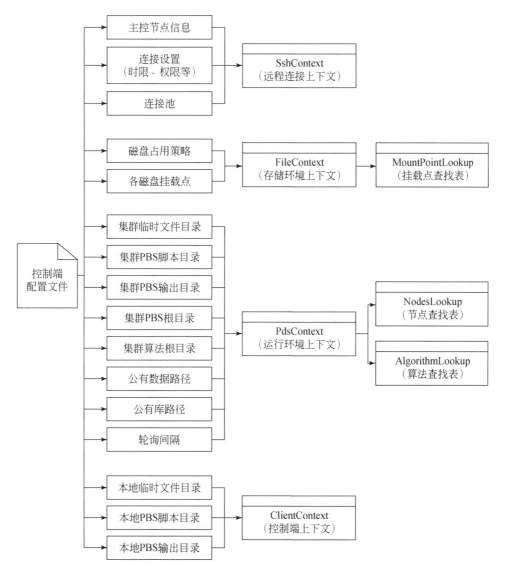

图 6.4　运行管理系统控制端配置文件主要内容及组织示意图

了所有与远程连接相关的配置项，同时也提供了系统中连接池的入口。系统对于配置文件的改动要实时生效，因此，需要从配置文件中实时读取配置项的值。我们将所有配置项封装成其所属 Context 类的属性，而 C# 类的属性（Property）机制为类中的每一项属性提供了读取（get）和写入（set）接口，我们正好可以利用该机制将 XML 配置文件的读取逻辑封装在 get 函数中，就可以优雅地实现配置项的实时生效。将不同配置项的写入逻辑封装在 set 函数中，并提供输入信息的可用性检验，确保配置文件中的信息真实有效。

配置项中存在一些字典类的内容，如磁盘挂载点列表、集群节点列表、算法列表等，对于这些内容的管理我们采取查找表（Lookup）模式，即在内存中用带索引的键值对结构维护这些列表，便于快速查询，也避免信息过于分散。这些查找表作为衍生对象保存在所属上下文中。

上述配置文件中不包括算法私有的配置项，算法私有配置文件由各算法的开发人员自行整理，与算法程序一同保存。算法私有配置文件的主要内容包括私有库的路径、私有数据（参数查找表、底图等）的路径、私有参数和算法对计算资源的需求列表。

2）运行环境结构

系统要将一系列生产算法及其运行环境部署在计算节点之上，具体的运行环境目录结构如图 6.5 所示。

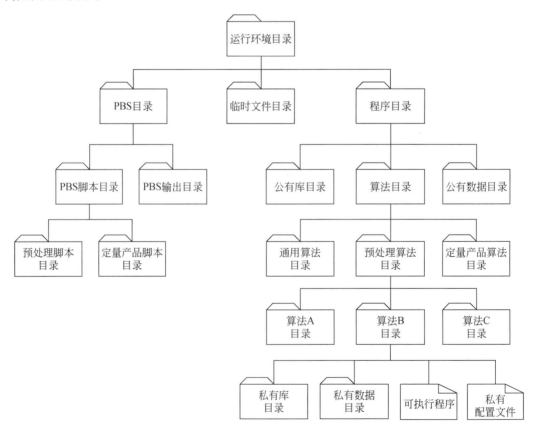

图 6.5　计算集群上的运行环境目录结构

　　PBS 目录主要保存运行管理系统内与 PBS 相关的文件，主要包括 PBS 脚本目录和 PBS 转存的算法控制台输出文件目录，这两个目录可以继续细分，如系统将预处理脚本和定量产品生产脚本分别存储在不同的文件夹中。PBS 本身则属于计算集群的公共基础软件，而不是运行管理系统专有的内容，PBS 由集群运维人员进行管理，运行管理系统只是 PBS 的用户之一。

　　程序目录保存了生产系统内需要在集群上运行的所有程序及其依赖项，这些程序的依赖项按照内容主要分为函数库、数据、配置文件，按照使用权可以分为公有和私有，程序本身按照职能可以分为通用算法、预处理算法、定量产品生产算法，如图 6.5 所示的程序目录就是考虑以上划分之后的安排。

　　系统运行环境目录维持了一种自包含的结构，不依赖于外部的配置文件与环境变量，可以灵活地转移部署。

3）存储挂载配置

　　为了最大化存储的灵活性，运行管理系统对磁盘的挂载点和相应的文件存储地址有特别的安排。系统会为每块磁盘分配一个永久且不重复的编号，配置文件中会更新每一个磁盘编号当前所挂载的目录位置，而文件的存储地址会记录相对于所在磁盘挂载点的相对地址，这样无论磁盘的挂载点如何变化，都可以找到当前正确的文件地址。图 6.6 展示了运行管理系统中文件地址随挂载点变化的情况，所有磁盘的挂载点在系统内存中都会组织成一张根据配置文件实时更新的挂载点查找表，所有文件的寻址都要通过该表。

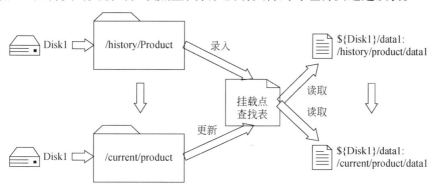

图 6.6　磁盘挂载配置与文件寻址示意图

6.2.5　订单管理

　　订单管理模块的整体流程设计如图 6.7 所示，首先根据订单三要素（产品类型、需求的时间范围、需求的空间范围）和产品固有的时空分辨率，解析出用户需求的产品列表；然后逐一检查列表中的产品是否已经存在，或正在生产，或尚未生产，或不能生产，将尚未生产的产品组成待生产列表；对于待生产的产品，根据现有和生产中的数据情况规划最优生产路径，根据生产路径调度任务生产最终产品；对照完整的产品需求列表总结已生产的产品列表和未能生产的产品列表，并返回给用户。上述过程中凡是涉及某数据或产品是否存在的，除了在数据库中有相应记录，都还需要在文件系统中做存在性和完整性核实。

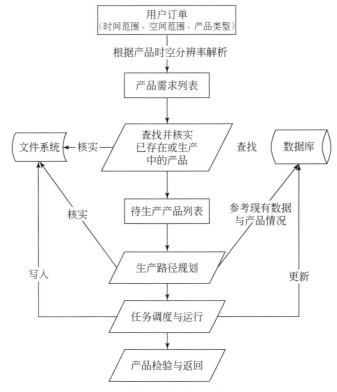

图 6.7　订单管理模块的功能分解与流程

　　上述过程中产品需求解析、生产路径规划与调度是最关键的两个功能点，下面分别进行讨论。

1）产品需求解析

　　每种产品的时间分辨率和空间分辨率都是固定的，可以在产品查找表中获取。产品的空间范围是网格化管理的，即对于单景产品来讲，其覆盖的空间范围对应着某一地理网格，因此，产品需求解析在空间范围上就是要确定用户划定的空间范围包含了哪些地理网格。鉴于网格的划分是固定的，在实现时每个网格都会有确定的经纬度范围，只需简单的空间关系推算就可确定订单涉及的网格。产品的时间范围也可以认为是按照时间窗格来管理的，从每年的第一天起，每经过一个产品时间分辨率的时间计一个时间窗格，年末不足一个时间分辨率的单独算做一个时间窗格。在这种设定下，产品需求解析在时间范围上也要确定用户划定的时间范围跨越了哪些时间窗格。交叉组合这些地理网格与时间窗格，就得到了用户需求的完整产品列表。

2）生产路径规划与调度

　　由于产品的层级嵌套和多重产品依赖，即高层产品可能同时依赖多种低层产品作为输入，越高层的产品生产越会涉及复杂的生产路径，加上现有数据与产品情况多变，产品生产路径规划需要考虑多方面的内容。

（1）减少冗余生产：路径规划大体上由底层逐层向上生产，但如果其中涉及的中间产品已经存在，则可以跳过这部分生产过程。特别地，也要考虑那些正处于生产过程中的产品，对于这些产品只需要等待其生产完成而不要重复生产。对于已经被别的订单纳入生产规划但还未执行的产品，一般也只需等待其完成，条件具备时可以让这部分产品优先生产。

（2）增加并行度：路径规划时不必严格按照层级关系，凡是依赖条件满足了的产品，无论其位于哪个层级，都可以并行投入生产，这样可以极大化任务并行度，缩短生产时间。

（3）规划动态调整：在原规划执行过程中，要能够适应系统的变化，如系统入库了一批产品，使得原规划中的部分生产任务不再需要执行，这时就要对规划做相应调整。规划动态调整的要求较高，实际操作中可以仅对常见的、较易处理的、会引起问题的系统变化进行响应。

生产路径规划的结果是一系列任务的执行序列，序列中既有串行的部分，也有并行的部分。任务的调度基于这种序列而展开，每个阶段将可以并行执行的任务同时提交，遇到串行部分则等待上一阶段任务完成后再提交下一阶段任务。实际操作中可以定义支持任意任务序列的描述语言，然后构造统一的序列解析和调度引擎，与任务管理模块交互，进而实现任务调度。

6.2.6　脚本管理

1）脚本的自动生成

任务的 PBS 脚本不仅唯一定义了任务的执行内容，同时也定义了参与任务调度时的其他要素，如任务在 PBS 系统中的基本信息、对各项计算资源的需求和输出文件路径等，特别地，对于运行管理，脚本中还要定义控制信息输出与任务执行结果信息输出的相关内容。

运行管理系统为自动生成的脚本设计了统一的书写结构，如图 6.8 所示，脚本被分为了 3 个部分，分别是脚本头部、脚本主体和脚本尾部。

（1）脚本头部首先通过 PBS 约定的方式描述任务的基本信息、控制台输出路径，以及任务所需要申请的各项计算资源，之后非 PBS 约定的部分负责输出，如执行任务的计算节点名，节点当前时间等运行管理控制信息。

具体地，系统对于遵循 PBS 约定的部分设计了书写顺序和每一行的内容。

第 1 行通过 #!/bin/bash 指令确定计算节点使用的控制台 Shell 类型，统一使用 Bash Shell。

第 2 行通过 #PBS-N 命令指定任务的名称，对于预处理任务，我们关注的是入库的原始数据有没有完成预处理，而且待处理的数据是唯一的，所以我们以原始数据的名称作为任务名，对于定量产品生产任务，我们关注的是得到的产品，而且产品也是唯一的，所以我们以目标产品的名称作为任务名。

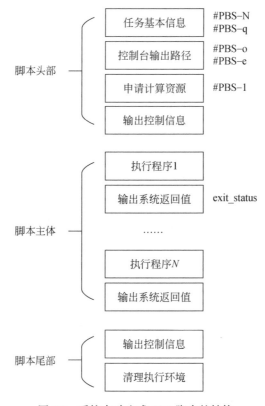

图 6.8　系统自动生成 PBS 脚本的结构

第 3 行通过 #PBS-q 命令指定任务的执行队列，具体的执行队列从配置文件中实时读取。

第 4 行通过 #PBS-o 命令指定任务的控制台标准输出文件存放路径，该路径从配置文件中实时读取。

第 5 行通过 #PBS-e 命令指定任务的控制台标准错误文件存放路径，该路径也从配置文件中实时读取。

第 6 行通过 #PBS-l 命令指定任务执行所要求的系统资源，系统中每一种算法所要求的计算资源都可以从相应的配置文件中读取。

之后运行管理控制信息输出的部分按照一般 shell 脚本的规则书写，如通过 Linux 系统的 hostname 命令和 date 命令显示执行任务节点的计算机名，以及任务开始的真实时间。

（2）脚本主体。

脚本主体专注于任务执行内容的描述，同时在执行流程中插入事先约定的执行结果标记信息的反馈，如最基本的是在每一个程序执行结束后输出系统返回值。任务的执行除了程序调用的语句，还包括程序调用前后涉及的目录结构建立、当前工作路径切换、环境变量设置、文件拷贝与移动等一系列工作。通过 Shell 命令的组合，脚本主体中可以描述任意复杂的内容。

（3）脚本尾部。

脚本尾部一般负责描述任务执行过后的收尾性工作，主要包括运行管理控制信息的输出和运行环境的清理。

在脚本生成的具体实现中，可以通过 C# 的 StreamWriter 类来缓存脚本内容，最终整体输出到一个文本文件。

2）脚本的上传与提交

任务脚本是在控制端生成的，因此，一开始脚本被保存在控制端本地，在任务提交之前会将本地脚本上传至主控节点进行提交。任务脚本在控制端和主控节点分别都有专门的存储路径，这两个路径在配置文件中分别被记录为 LocalScriptDirectory 和 ServerScriptDirectory。在实现时，系统要求每个任务维护自己的脚本，因此，本地脚本和上传至计算集群的脚本都是任务类的成员。脚本上传使用 SCP 连接，系统确认脚本上传到位之后，通过远程 qsub 命令进行提交。

任务脚本属于任务执行内容的原始凭据，因此，在任务执行完毕后，对应的脚本可以一并入库归档。本地脚本存储目录和主控节点上的脚本存储目录需要定期清理，但同时脚本也要确保一定的存留时间。

6.2.7　任务管理

1）任务的运行监控

任务的运行监控是运行管理系统的主要功能之一，如图 6.9 所示，该功能模块需要对任务从提交到结束进行全过程跟踪，并实时更新数据库记录。下面按照任务运行的主要节点对相关功能的设计与实现进行描述。

（1）提交时，即通过 qsub 命令将任务脚本提交至 PBS 系统时，要获取 PBS 系统为任务分配的任务 ID。每当一个任务被提交至 PBS 时，qsub 命令便会返回格式为 [任务 ID].[提交节点名] 的输出，如 342312.node31，系统要从输出字符串中截取任务 ID，并存入数据库中，此任务 ID 是之后运行管理系统在 PBS 中追踪该任务的唯一凭据。

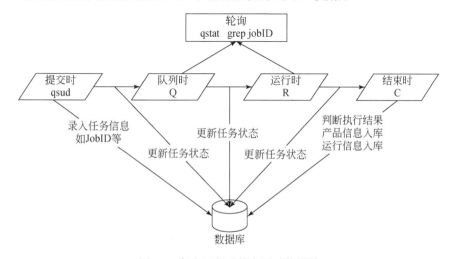

图 6.9　任务运行监控主要功能设计

（2）队列时，即任务在 PBS 中的状态码为 Q 时，需要在数据库中更新任务状态。

（3）运行时，即任务在 PBS 中的状态码为 R 时，表示任务正式被分配了计算节点与资源，开始运行，需要在数据库中更新任务状态。

（4）结束时，即任务在 PBS 中的状态码为 C 时，表示任务已经结束，首先在数据库中更新任务状态，然后通过任务的 PBS 输出文件和生成的产品文件判断任务的执行结果，如果执行成功则需要将相应产品实体转移到存储系统中，并将产品信息录入数据库，之后在数据库中将任务标记为成功，如果执行失败，则在数据库中将任务标记为失败。无论是成功还是失败，还要将任务对应的 PBS 输出文件转移到存储系统中，具体地址参考相应配置文件，并在数据库中更新其地址，作为任务执行情况的原始资料留存。任务结束后的清理工作原则上由算法自身和 PBS 执行，系统也可以定期对任务所涉及算法的私有目录进行清理。

上述功能的实现涉及 3 个关键功能点：单次任务状态查询、任务状态的持续跟踪、任务执行结果的判定。

（1）单次任务状态查询基于远程 qstat 命令实现，通过解析控制台返回信息得到任务状态码。

（2）任务状态的持续跟踪使用轮询（Polling）策略，即在任务执行过程中，每隔一段时间就查询一次任务状态，从任务被提交并获得任务 ID 开始，直至任务结束。轮询的时间间隔（PollingInterval）在系统配置文件中维护，可以根据不同任务总执行时间的长短分别设置，执行时间特别长的任务可以增大轮询间隔，以减轻系统负担。轮询必须是异步执行的，即系统中会安排专职的后台线程负责轮询，而不会对任何其他系统行为造成迟滞或阻塞。在需要对多任务同时进行监控的情况下，控制端会维护一个当前任务列表，每当有任务被提交时就将该任务加入列表，每隔一段时间就依次查询列表中当前存在的所有任务的状态，如果其中有任务结束或退出，就将该任务移出列表。

（3）任务执行结果的判断主要通过 PBS 输出文件解析和相关产品文件检查共同实现。首先，关于任务执行结果，有一个误区是认为 PBS 中的完成状态（状态码 C）即代表程序执行成功，实际上状态码 C 仅代表在节点上相应的进程结束了，无论是正常结束还是非正常结束，即使因为程序崩溃造成的进程结束也会被赋予状态码 C，所以任务真实的执行结果还是需要系统自己来判断。为了判断执行结果，通过算法程序或任务脚本要向控制台输出事先约定的执行结果标记，解析到特定的标记就能表明特定的执行结果。除了 PBS 输出文件，任务生产的产品文件实体自然也需要被检查。

2）任务的质量监控

作为一个产品生产系统，质量监控也是一项必不可少的环节，如图 6.10 所示，运行管理系统中的质量监控功能可以分为生产时的简要质量监控和入库后的精细质量监控两条路径。

生产时的质量监控主要借助于生产算法自身，部分算法可以在生产过程中反馈生产精度和生产质量，在系统实现中通过配置文件约定算法输出质量信息的位置，精度与质量过低的产品可以视为生产失败，不予入库。

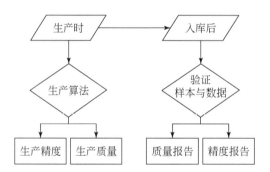

图 6.10　任务的质量监控主要功能设计

入库后相较于生产时可以进行更精细的质量检验，基于验证样本与数据集，可以通过专门的质量检验算法生成产品精度报告与质量报告，作为订单返回的一部分交付用户。

第7章 产品生产与服务

多源协同定量遥感产品生产系统（简称 MuSyQ）于 2013 年开发完成并试运行，到本书撰写时已经经过了近 4 年的运行。在运行期间，结合科学技术部国家遥感中心《全球生态环境遥感监测年度报告》工作，处理了十余种遥感数据，生产了十余种定量遥感产品。处理的数据和生产的定量遥感产品支撑了 2014 年年报中《中国—东盟生态环境遥感监测》、2015 年年报中《"一带一路"生态环境遥感监测》和 2016 年年报中《"一带一路"生态环境遥感监测》等报告的编写工作。

7.1 2014 年中国—东盟生态环境遥感监测

7.1.1 中国—东盟自由贸易区介绍

中国位于亚洲大陆东部，西临太平洋。在与中国陆地相邻的 14 个国家中，缅甸、老挝、越南均属于东盟国家。东盟国家还包括文莱、柬埔寨、印度尼西亚、马来西亚、菲律宾、新加坡和泰国，位于亚洲东南部的中南半岛和马来群岛，纬向上桥接太平洋与印度洋，经向上位于亚洲大陆与大洋洲之间。

自 20 世纪 90 年代中国与东盟建立对话伙伴关系以来，双方关系得到持续进展。中国作为东盟的第一个战略伙伴，对东盟政治环境稳定与国际地位提升具有重要意义。东盟是中国周边政治、安全环境的重要依托，也是中国和平崛起的重要保障。为建设中国和东盟之间面向和平与繁荣的战略伙伴关系，中国坚持将发展同东盟友好合作作为周边外交的优先方向。

为发展中国同东盟国家的经济社会合作关系，共同营造和平、稳定、平等、互信、合作共赢的地区环境，中国与东盟于 2002 年 11 月签署了《全面经济合作框架协议》，正式启动了中国—东盟自由贸易区的建设进程。2010 年 1 月，中国—东盟自由贸易区正式全面启动，形成全球第三大经济规模的自由贸易区，为区域一体化打下了良好基础。目前，中国是东盟的第一大贸易伙伴，东盟是中国第三大贸易伙伴（仅次于欧盟、美国）。中国—东盟商务理事会发布最新统计数据显示，2014 年中国与东盟的双方贸易额达 4804 亿美元，是 2002 年的 547.67 亿美元的 8.77 倍，年均增长 19.8%。中国—东盟自贸区成为我国改革开放以来，中国企业走出国门的重要的试验田。

习近平主席提出建设"丝绸之路经济带和 21 世纪海上丝绸之路"、建设"中国—东盟命运共同体"，以及李克强提出的中国—东盟"2+7 合作框架"。东盟国家作为海上丝绸之路、陆上丝绸之路的交汇点，"一带一路"重大战略必将促使中国—东盟共同进入一个更为快速发展的新时期。

自由贸易区的建立推动了经济的发展，同时也对区域内各国的生态环境产生着深远的影响，带来了机遇与挑战。经济的发展和贸易的快速增长加重了生态环境的承载压力。如果继续坚持粗放型的经济发展模式，过度追求经济利益而忽视生态环境保护，过度开发和不合理利用自然资源和能源，随意排放污染废弃物，那么忽视环境成本等现象可能被加剧。但是另外，经济发展也将为生态环境保护提供物质基础和技术条件。如何处理经济发展和生态环境间的关系成为了重中之重，因此，可持续发展、绿色经济、低碳经济等新经济概念将引领中国—东盟合作的新发展。所谓可持续发展，即同时兼顾经济发展和生态环境，通过转变经济发展模式，调节经济发展与生态环境间的关系，最终实现经济发展与生态环境保护互相依托，彼此促进。

在中国—东盟自由贸易区内，各国的生态环境密切相关，紧密联系。随着各国经济贸易合作加强，要协调好生态环境保护与经济发展间的关系，需要多方合作、共同讨论，携手建立生态环境保护体制，加强对生态环境的监测。首先，需要各国就生态环境保护的相关问题达成共识，密切合作。就此，双方在 2009 年通过了《中国—东盟环境保护合作战略（2009~2015 年）》，在 2011 年联合制定了《中国—东盟环境合作行动计划（2011~2013 年）》。其次，解决问题需要从实际出发，依赖及时、可靠的信息提供决策的基础。生态环境保护首先需要加大科技投资，依靠科学手段加强对生态环境的监测。中国作为中国—东盟这一大家庭中一员，对区域生态环境监测承担有不可推卸的责任和义务。遥感是大尺度生态环境监测的重要手段，中国已有能力实现卫星组网，实现多种遥感产品的业务化实时生产。为了双边共同繁荣发展，中国将义不容辞地做好生态环境监测工作，为生态环境信息获取提供全面、及时的有力支持。

"中国—东盟生态环境遥感监测报告"受"十二五"中国 863 计划"星机地综合定量遥感系统与应用示范"重大项目的数据和产品支持，对中国—东盟生态环境的主要特征进行监测分析，对中国—东盟生态环境进行调研，旨在：①提取各国生态环境的共性问题；②分析各国生态环境间的影响；③为生态环境问题提供预警；④跨国、跨区域、面向生态环境问题提供信息。对中国—东盟自由贸易区所关注的生态环境问题提供了一个综合、全面、系统的调查报告，为各国政策的决定提供了有力的信息基础。

1）中国自然环境特点

中国受季风影响显著，范围广阔。季风在一年中的交替和南北推移对我国自然景观的形成和发展起着重要的作用。我国东部和西部的差异，以及东部季风区自然地带的南北递变在很大程度上受季风的控制。由于受季风的影响，高温季节降水丰沛，气候温暖湿润，我国东南部地区成为世界上著名的农业发达地区。

中国地形复杂，高原、山地和丘陵占有很大比重；地势西高东低，呈阶梯状分布；山脉纵横，东西走向居多。

中国水域以外流河居多。外流河的水文特征：河流水主要来自雨水；受夏季风影响，夏季水量大，水位高形成汛期（东北地区河流还有春汛），冬季形成枯水期；华北地区河流含沙量大,南方河流含沙量较小;冬季秦岭—淮河以北河流结冰;部分河段有凌汛。我国内流河的水文特征:河流水主要来自于高山冰雪融化水;受气温影响,夏季河流形成汛期,冬季经常断流;河流水量一般不大;部分内流河含沙量较大。

2)东盟自然环境特点

东盟位于亚热带、热带地区,受季风影响,降水丰富,森林茂密。

中南半岛以热带季风气候为主,马来群岛以热带雨林气候为主。由于气压带与风带的季节性移动,以及受地转偏向力的影响,中南半岛夏季盛行西南季风,冬季盛行东北季风。

东盟大陆部分(以柬埔寨、老挝、缅甸、泰国、越南和马来西亚半岛为代表)地形以南北走向的山脉、高原、沿海平原和丰富的水系为主要特征。东盟海洋部分(包括文莱、印度尼西亚、马来西亚、菲律宾和新加坡5国)的大部分岛屿位于欧亚、印度—澳大利亚和太平洋3个板块之间的接合处,大多是火山岛。

东盟的地形和气候条件对其水系和水文影响很大。中南半岛水系类型繁多,水系网密集,大河众多,水量丰富,水文具有热带季风型特征,水位季节变化很大。马来群岛河流短小,水流湍急,水文具有赤道型特征,全年水位变化很小。

东盟地区是全球最易遭到自然灾害的危险地区之一,常见的自然灾害类型包括台风、地震、海啸、旱涝灾害与火山爆发等。2013~3014年台风频发,对自然植被和人民的生命财产均造成巨大损害。

3)中国—东盟生态环境问题

东盟地区独特的地理位置和气候条件造就了这一地区丰富的森林资源、淡水资源和生物多样性。但是由于过度开发、环境污染,这些宝贵的自然资源正在加速消失:森林面积逐年下降,河流污染、水质变差,生物栖息地遭到破坏,生物多样性受到威胁。中国的生态环境同样面临着相似的威胁,如森林资源锐减、有大量濒危生物物种、水资源匮乏、空气污染严重等。

造成中国—东盟自由贸易区生态环境问题的主要原因为:①人口压力不断增大,城市化过程加快,掠夺自然资源以满足日益增大的物质消耗;②工业化需要大量原材料,造成自然资源和能源过度开发;③粗放的经济发展模式和淡薄的环境保护意识导致环境污染严重。然而,随着对自然环境的破坏,生态危机加剧,随时有可能造成严重的后果。面对相似的生态问题和治理环境的需求,中国和东盟地区在生态环境保护方面具有极大的交流合作潜力。

7.1.2 监测内容

针对中国—东盟生态环境面临的问题,从卫星遥感可监测的信息出发,采用的主要监测指标如下。

1)区域光温条件

平均气温:气温是影响生态系统光合作用碳固定的重要因子,直接影响植被的生长和发育,是气候的气候资源。气温是基于全球变化总目录资料库中的全球地表日数据集

（GSOD）中各站点的日均温。GSOD 数据集由美国国家气候中心（NCDC）生产，由地表小时数据集（ISH）DSI-3505 (C00532) 插值得到。国家温度统计是国家内所有像元温度的均值。温度距平是当年温度相比于过去 13 年的平均变幅。

光合有效辐射：在绿色植物进行光合作用过程中，其吸收的太阳辐射中使叶绿素分子呈激发状态的光谱能量，一般指 400~700nm 的太阳辐射能量。光合有效辐射是形成生物量的基本能源，控制着陆地生物有效光合作用的速度，直接影响植被的生长、发育、产量与产量质量；PAR 也是重要的气候资源，影响着地表与大气环境物质、能量交换，PAR 的时空分布影响着植被的分布格局和 NPP 状况。

年最高 / 年最低地表温度：年最高地表温度是指一年中每日最高地表温度的最大值，年最低地表温度是指一年中每日最低地表温度的最小值。每日最高地表温度利用 MODIS 上午星和下午星白天地表温度产品的最大值计算得到。每日最低地表温度利用 MODIS 上午星和下午星夜晚地表温度产品的最小值计算得到。

2）地表水分条件时空格局状况

降水：是指空气中的水汽冷凝并降落到地表的现象，是自大气云层落下的液体或固体水的总称，包括雨、雪、露、霜、霰、雹和冰雨等，其中，以降雨和降雪为主。降水量是指时段内降落在单位面积上的总水量，用 mm 表示，根据时段可分为日降水量、月降水量和年降水量等。

蒸散发：包括蒸发 (evaporation) 和蒸腾 (transpiration)，蒸发是水由液态或固态转化为气态的过程，蒸腾是水分经由植物的茎叶散逸到大气中的过程。根据蒸发面的不同蒸散发可分为水面蒸发、冰雪升华、土壤蒸发和植物蒸腾。地表蒸散发是土壤—植物—大气连续体 (SPAC) 中水分运动的重要过程，不仅在水循环和能量循环过程中具有极其重要的作用，也是生态过程与水文过程的重要纽带。

水分盈亏：是指降水与蒸散发之间的差值，可以反映不同气候背景下大气降水的水分盈余亏缺特征。

3）陆地植被生长状态

遥感提取植被物候参数（vegetation phenology）主要关注景观或生态系统尺度，集中在生长季开始日期、结束日期和生长季长度的模拟，因此，有必要对植物生长季在遥感上进行重新界定（武永峰等，2008）。本次使用的物候特征参数有生长周期数和生长季长度。分别定义如下。

（1）生长周期数为一年内植被物候的周期性变化个数。图 7.1 中是某种植被类型一年内 LAI 数值变化曲线，该植被在一年内包含两个完整的物候周期，且每个周期内包含生长期、峰值期、衰老期和休眠期。

（2）生长季长度为一年内每个生长周期的有效生长长度之和，有效生长长度为该生长周期生长终点与生长起点之差。图 7.1 中植物的生长季长度即为（e–a）+（i–f）。其中，生长起点指植被从缓慢生长进入快速生长的拐点，如图中 a 或 f 所示；生长终点指植被从快速枯萎到完全枯萎的拐点，如图中 e 或 i 所示。

FVC 通常被定义为植被（包括叶、茎、枝）在地面的垂直投影面积占统计区总面积的百分比。

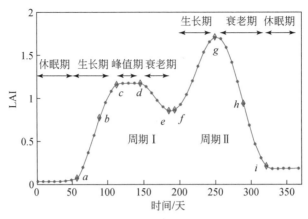

图 7.1　物候生长周期示意图

NPP 指绿色植物在单位时间单位面积上从光合作用产生的有机物质总量（GPP）中扣除自养呼吸后的剩余部分。

4）森林生物量

森林生物量指某个时间段内所测得的单位面积森林净初级生产量的累积量，即某一时刻到该时间点植被所累积的所有生物有机体的干重，也称为现存量。

森林碳储量指某个时间点森林的所有生物量中所蕴含的有机碳素的总量。

森林固碳能力指在特定的环境和气候条件下，森林将大气的 CO_2 固定并转化为有机碳储存在森林生态系统中的能力。通常用森林的现存碳储量来衡量森林生态系统的固碳能力。

森林固碳潜力指在特定的目标年和环境背景下，森林生态系统可能达到的最大固碳能力，可用单位时间单位面积的生态系统可能实现的最大固碳速率衡量。

5）农业生产现状与潜力

农气适宜度：综合温度、降雨和光合有效辐射等农气条件，根据不同地区作物在不同时期最适宜气候条件，计算当前气候条件与最适宜条件之差对作物造成的影响，分别得到当前光温水的适宜指数，将其乘积作为综合农气适宜度。

复种指数：复种是指在同一田地上一年内接连种植两季或两季以上作物的种植方式，复种指数是用来描述耕地在生长季中利用程度的指标，通常以全年总收获面积与耕地面积比值计算，也可以用来描述某一区域的粮食生产能力。

耕地种植比例：区域内有作物种植的耕地占总耕地面积的比例。

6）湄公河—澜沧江流域典型湖库对生态环境的响应

河道径流：陆地上的降水汇流到河流中的水流，m^3/s。

径流深：计算时段内的径流总量平铺在水文观测站以上流域面积上所得的水层厚度，mm。

水域面积：监测时段内每月间隔的 HJ-1A/1B CCD 和 GF-1 卫星可观测到的湖库面积。

蓄水量变化：利用获取的月水域面积和 DEM 高程数据，建立各监测湖库区 DEM 具有有效数据高程以上范围的水面高程和湖库面积之间的关系模型，计算各湖库每个时间段蓄水量的变化，以此反映一年内典型湖库蓄水量的变化过程。

7.1.3 研究区数据获取与产品生产

"中国—东盟生态环境遥感监测报告"中主要的信息产品来源于国家高技术发展计划项目（863 项目）与 2012 年启动的重大项目："星机地综合定量遥感系统与应用示范"项目。星机地综合定量遥感是充分发挥卫星、航空、地面协同对地观测能力，提高遥感数据定量化获取与应用的重要方式，也是国际地球观测领域发展的必然趋势。星机地综合定量遥感将对我国在矿产、森林、水、粮食等资源和环境监测中的高精度信息提取和高效分发起到重要的推动作用。该书将重点研究星地协同观测与卫星组网关键技术，攻克多尺度时空遥感数据快速定量流程化处理、基于卫星组网和虚拟星座的综合定量遥感产品生成和真实性检验等关键技术，通过多学科、多领域应用示范，建立一套国家级的星机地综合定量遥感应用系统，实现事件驱动的遥感数据主动式服务，以及资源与环境遥感信息的业务化运行服务。另外，本书实现了以国产数据为主、国外数据为辅的目标，首次以国产数据为主，生产了十余种共性定量遥感产品，并且将所生产的共性定量遥感产品用于专题产品的生产，从而支持农业、林业和水资源等方面的应用。

1）生态环境参数共性遥感产品

"中国—东盟生态环境遥感监测报告"中所用到的陆表定量遥感产品包括地表反射率、植被指数、物候期、植被覆盖度、叶面积指数、光合有效辐射比率、地表温度、下行短波辐射、光合有效辐射比例、土壤水分和蒸散发等（产品主要指标列于表 7.1 中）。这些陆表定量遥感产品是由 MuSyQ 系统所生产的。这些产品与现有的同类型产品相比，具有时间分辨率更高、空间覆盖更完整和精度更高等特点，可以更好地反映陆地表面植被与辐射的变化特征。

表 7.1 MuSyQ 陆表定量遥感产品主要指标列表

编号	遥感产品中文名称	遥感产品英文名称	空间范围	空间分辨率	时间分辨率	产品标识
1	1km 气溶胶光学厚度	1km aerosol optical Depth	中国及东盟	1km	1 天	MuSQ. AOD.1km
2	30m 气溶胶光学厚度	30m aerosol optical Depth	大湄公河次区域	30m	10 天	MuSQ. AOD.30m
3	5km 下行短波辐射	5km downward shortwave radiation	中国及东盟	5km	3h/d	MuSQ.DSR.5km
4	5km 光合有效辐射	5 km photosynthetically active radiation	大湄公河次区域	5km	3h/d	MuSQ.PAR.1km
5	1km 地表反射率	1km land surface reflectance	中国及东盟	1km	5 天	MuSQ.REF.1km
6	30m 地表反射率	30m land surface reflectance	大湄公河次区域	30m	10 天	MuSQ.REF.30m

编号	遥感产品中文名称	遥感产品英文名称	空间范围	空间分辨率	时间分辨率	产品标识
7	1km 地表温度	1km land surface temperature	中国及东盟	1km	1 天	MuSQ.LST.1km
8	25km 土壤水分	25km soil moisture	中国及东盟	25km	5 天	MuSQ.SM.25km
9	1km 蒸散发	1km evapotranspiration	中国及东盟	1km	5 天	MuSQ.ET.1km
10	1km 归一化植被指数	1km normalized difference vegetation index	中国及东盟	1km	5 天	MuSQ.NDVI.1km
11	30m 归一化植被指数	30 m normalized difference vegetation index	大湄公河次区域	30m	10 天	MuSQ.NDVI.30m
12	1km 增强植被指数	1km enhanced vegetation index	中国及东盟	1km	5 天	MuSQ.EVI.1km
13	30m 增强植被指数	30m enhanced vegetation index	大湄公河次区域	30m	10 天	MuSQ.EVI.30m
14	30m 植被覆盖度	30m fractional vegetation cover	大湄公河次区域	30m	10 天	MuSQ.FVC.30m
15	1km 植被覆盖度	1km fractional vegetation cover	中国及东盟	1km	10 天	MuSQ.FVC.1km
16	1km 叶面积指数	1km leaf area index	全球	1km	5 天	MuSQ.LAI.1km
17	30m 叶面积指数	30m leaf area index	大湄公河次区域	30m	10 天	MuSQ.LAI.30m
18	1km 物候期	1km phenology	中国及东盟	1km	—	MuSQ.PHN.1km
19	1km 光合有效辐射吸收比例	1km fraction of photosynthetically active radiation	中国及东盟	1km	5 天	MuSQ.FPAR.1km
20	1km 植被的净初级生产力	1km net primary productivity	中国及东盟	1km	5 天	MuSQ.NPP.1km

在生产陆表定量遥感产品时，系统使用了多源多尺度的遥感数据，包括 Terra/Aqua-MODIS、FY-3A/3B-MERSI、FY-3A/3B-VIRR、HJ-1A/CCD1、HJ-1A/CCD2、HJ-1B/CCD1、HJ-1B/CCD2、Landsat-5/TM、Landsat-8/OLI 等（数据具体信息见表 7.2）。由于传感器与卫星平台制造技术具有差异，这些数据在几何、辐射、光谱等方面都具有一定的差异；因此，在利用 MuSQ 系统进行产品生产之前，需要进行几何、光谱、辐射的归一化处理。由于不同分辨率和非同源的遥感数据处理流程有一些细微的差别，所以我们根据分辨率和数据类型对不同的数据设定了更加具体的归一化处理流程。

表 7.2　生产陆表定量遥感产品所用数据信息列表

编号	数据名称	空间范围	空间分辨率	时间分辨率	归一化处理
1	Terra-MODIS	中国及东盟	1km	1 天	重投影、分幅、大气校正
2	Aqua-MODIS	中国及东盟	1km	1 天	重投影、分幅、大气校正
3	FY-3A-MERSI	中国及东盟	1km	1 天	几何校正、光谱归一化、交叉辐射定标、重投影、分幅、大气校正
4	FY-3A-VIRR	中国及东盟	1km	1 天	几何校正、光谱归一化、交叉辐射定标、重投影、分幅、大气校正
5	FY-3B-MERSI	中国及东盟	1km	1 天	几何校正、光谱归一化、交叉辐射定标、重投影、分幅、大气校正
6	FY-3B-VIRR	中国及东盟	1km	1 天	几何校正、光谱归一化、交叉辐射定标、重投影、分幅、大气校正
7	HJ-1A/CCD1	大湄公河次区域	30m	8 天	几何校正、光谱归一化、交叉辐射定标、重投影、分幅、大气校正
8	HJ-1A/CCD2	大湄公河次区域	30m	8 天	几何校正、光谱归一化、交叉辐射定标、重投影、分幅、大气校正
9	HJ-1B/CCD1	大湄公河次区域	30m	8 天	几何校正、光谱归一化、交叉辐射定标、重投影、分幅、大气校正
10	HJ-1B/CCD2	大湄公河次区域	30m	8 天	几何校正、光谱归一化、交叉辐射定标、重投影、分幅、大气校正
11	Landsat-5/TM	大湄公河次区域	30m	16 天	重投影、分幅、大气校正
12	Landsat-8/OLI	大湄公河次区域	30m	16 天	重投影、分幅、大气校正

2）生态环境参数专题遥感产品

"中国—东盟生态环境遥感监测报告"中除了用到 MuSyQ 系统所生产的共性定量遥感产品外，还使用了农业、林业和水资源的专题产品。其中，农业专题产品包括 NDVI、耕地分布数据、农气适宜度计算所用数据、温度、降水、光合有效辐射、植被净初级生产力；水资源专题产品包括湄公河—澜沧江流域降雨径流变化分析数据、洞里萨等典型湖库水域动态变化监测数据、国家测绘地理信息局全球基础地理底图数据，以及 NASA 和国防部国家测绘局 (NIMA) 联合测量的全球 30m 和 90m 空间分辨率的 Shuttle Radar Topography Mission（SRTM）DEM 数据等。

3）MuSyQ 系统生产的产品

MuSyQ 系统利用 1km 极轨卫星、5km 静止卫星和 30m 环境减灾小卫星数据生产了中国东盟区域的 2013 年总光合有效辐射分布、年蒸散发分布、植被生长季长度空间分布、最大植被覆盖空间分布、植被全年累积 NPP 空间分布、30m 最大植被覆盖空间分布，以及 30m 大湄公河次区域植被覆盖年内季节变化空间分布等产品（图 7.2~ 图 7.8）。

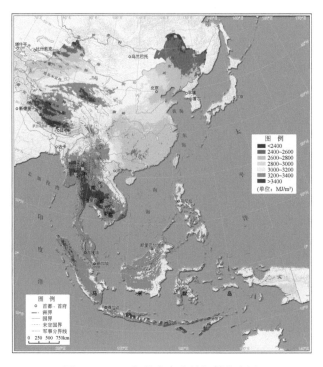

图 7.2　2013 年总光合有效辐射分布图

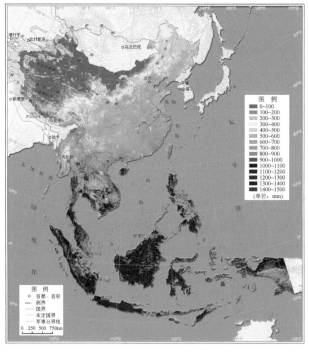

图 7.3　中国与东盟 2013 年蒸散发空间分布图

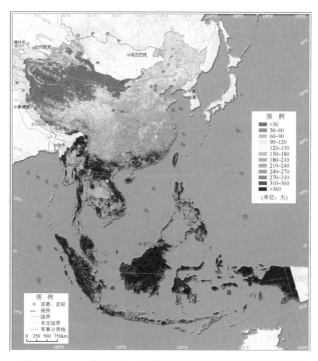

图 7.4　2013 年中国—东盟植被生长季长度空间分布图

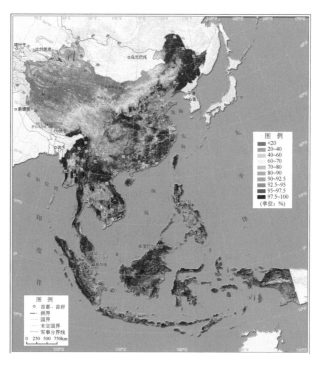

图 7.5　2013 年中国—东盟年最大植被覆盖空间分布图

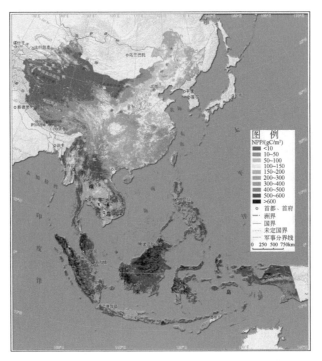

图 7.6　2013 年中国—东盟植被全年累积 NPP 空间分布图

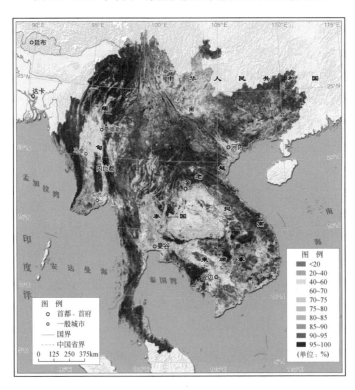

图 7.7　大湄公河次区域 2013 年 6 月 ~2014 年 6 月最大植被覆盖空间分布

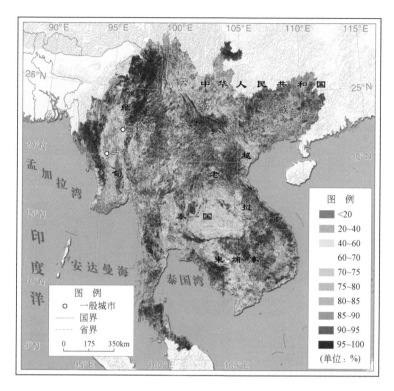

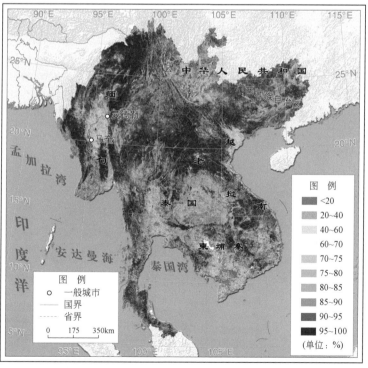

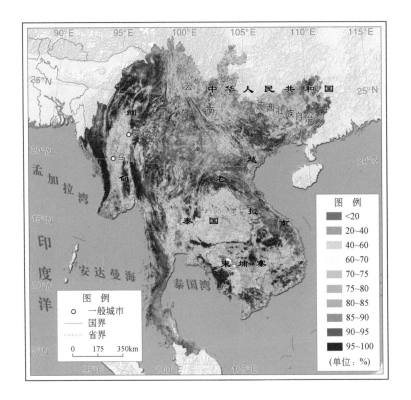

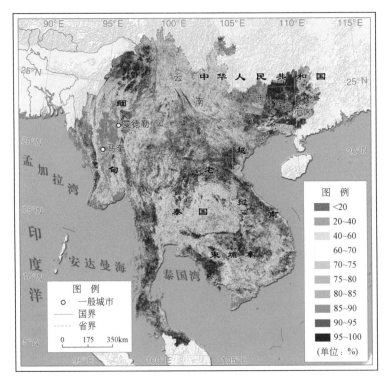

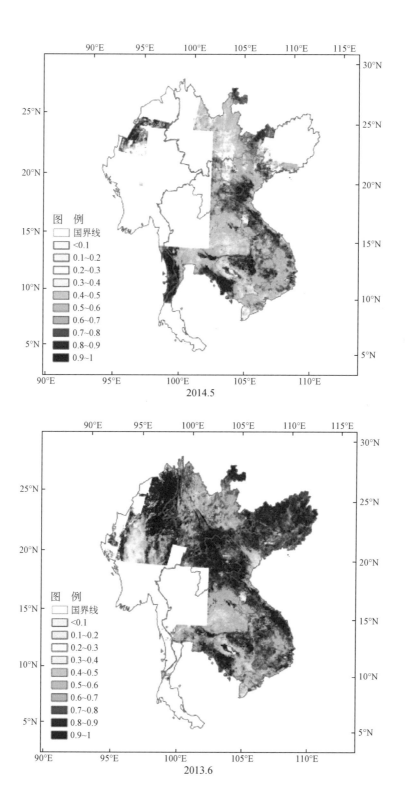

图　例
国界线
<0.1
0.1~0.2
0.2~0.3
0.3~0.4
0.4~0.5
0.5~0.6
0.6~0.7
0.7~0.8
0.8~0.9
0.9~1

2014.5

图　例
国界线
<0.1
0.1~0.2
0.2~0.3
0.3~0.4
0.4~0.5
0.5~0.6
0.6~0.7
0.7~0.8
0.8~0.9
0.9~1

2013.6

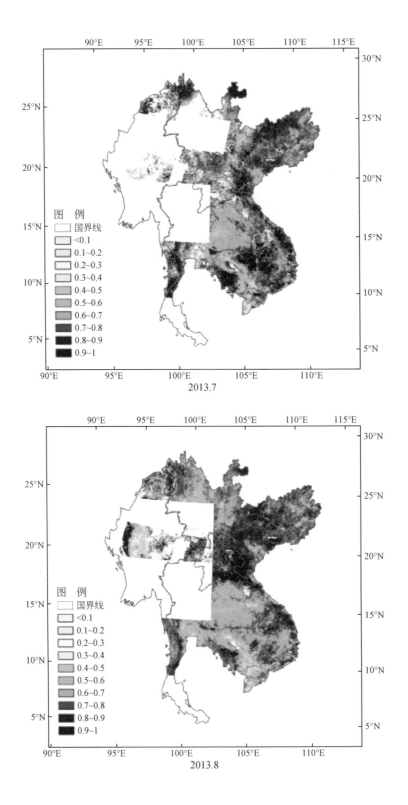

2013.7

2013.8

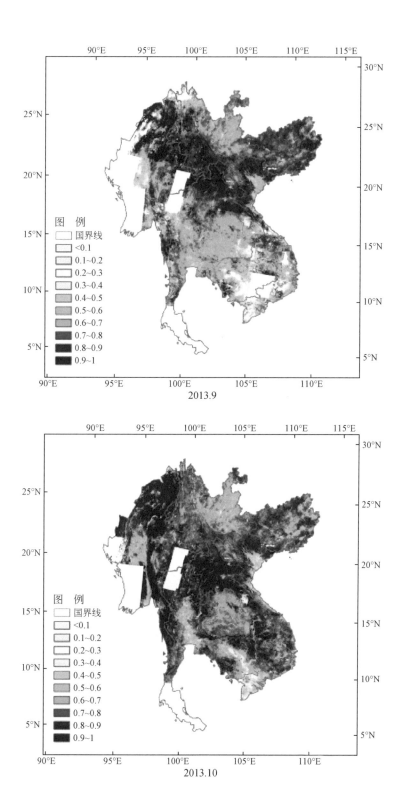

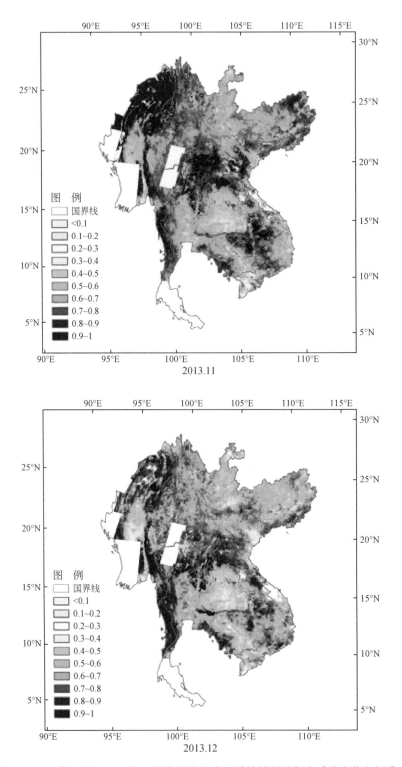

图 7.8 2013 年 6 月 ~2014 年 6 月大湄公河次区域植被覆盖年内季节变化空间分布

7.2 2015 年 "一带一路" 生态环境遥感监测

7.2.1 "一带一路" 区域介绍

2013 年 9 月和 10 月,习近平在出访中亚和东南亚国家期间,先后提出了共建 "丝绸之路经济带" 和 "21 世纪海上丝绸之路" (简称 "一带一路",图 7.9) 的重大倡议。2015 年 3 月 28 日,国家发展和改革委员会、外交部和商务部联合发布《推动共建丝绸之路经济带和 21 世纪海上丝绸之路的愿景与行动》(简称 "愿景与行动"),"一带一路" 倡议开始全面推进和实施。

"一带一路" 贯穿亚非欧大陆,东牵蓬勃发展的亚太经济圈,西连发达的欧洲经济圈。据世界银行 2014 年统计,该区域总人口为 39 亿 (占世界人口的 53.36%),GDP 约 31 万亿美元 (占世界的 40%),是世界上最具有发展潜力的经济大走廊。"一带一路" 区域各国资源禀赋各异,以欠发达国家为主,城镇化水平较低,交通和通信基础设施落后,通过政策沟通、设施联通、贸易畅通、资金融通、民心相通,可以有效地拓展沿线国家之间的合作空间,打造政治互信、经济融合、文化包容的利益共同体、责任共同体和命运共同体。"丝绸之路经济带" 依托国际大通道,以沿线中心城市为支撑,以重点经贸产业园区为合作平台,共同打造新亚欧大陆桥、中蒙俄、中国—中亚—西亚、中国—中南半岛、中巴和孟中印缅等国际经济合作走廊。"21 世纪海上丝绸之路" 以重点港口为节点,共同建设中国沿海港口至非洲、欧洲的通畅、安全、高效的海上运输大通道。

"一带一路" 陆域自然环境复杂多样,生态环境总体较为脆弱。其中,60% 以上的区域为干旱和半干旱的草原、荒漠和高海拔生态脆弱区,气候干燥、降水量少。中亚、西亚和北非是全球气候最为干燥的地区,水资源严重短缺,土地荒漠化严重,生态系统一旦破坏将难以恢复。东南亚和南亚地区受季风的强烈影响,地震、洪涝等自然灾害频发。部分区域快速工业化、城市化和人口膨胀等造成了资源消耗飙升,带来了空气污染、水资源污染、土地退化、过度垦殖、热带雨林锐减、生物多样性减少等一系列生态环境问题,严重地影响了区域的可持续发展。"一带一路" 海域也面临海洋污染、海洋资源锐减、海洋灾害加剧等问题。全球气候变化已导致海平面上升,以及海水温度、盐度的异常变化,而海洋资源过度开发、陆源污染过量排放等也使海洋生态系统变得更加脆弱。

"一带一路" 陆域和海域空间范围广阔,生态环境要素异动频繁,全面协调 "一带一路" 建设与生态环境可持续发展,亟须利用遥感技术这一不可或缺的手段快速获取宏观、动态的全球和区域多要素信息,开展生态环境遥感监测。通过获取 "一带一路" 区域生态环境背景信息,厘清生态脆弱区、环境质量退化区,可为科学认识区域生态环境本底状况提供数据基础;快速获取 "一带一路" 陆域和海域生态环境要素动态变化,发现其生态环境时空变化特点和规律,可为科学评价 "一带一路" 建设的生态环境影响提供科技支撑;获取重要廊道和节点城市高分辨率遥感信息,开展 "一带一路" 建设项目投资前期、中期、

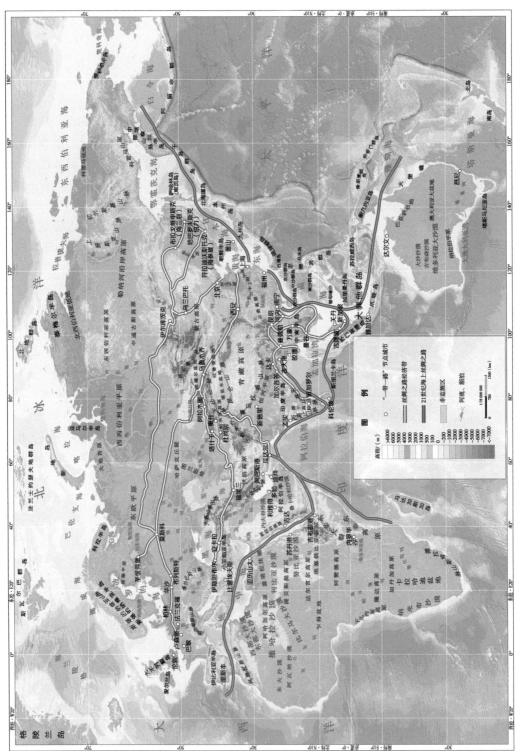

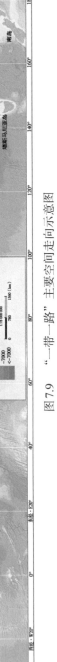

图7.9　"一带一路"主要空间走向示意图

后期生态环境监测与评估，分析其生态环境特征、发展潜力和可能存在的问题，甄别不同区域的重点发展方向和投资风险因子，可为"一带一路"建设的顺利推进提供重要保障。

"中国—东盟生态环境遥感监测报告"的监测范围覆盖 100 多个国家和地区，贯穿亚非欧的 7 个区域和 12 个海域。通过对 2000~2015 年的 FY、HY、HJ、GF 和 Landsat、EOS 等中、高分辨率多源、多时空尺度遥感数据的标准化处理和模型运算，形成了土地覆盖、植被生长状态与生物量、辐射收支与水热通量、农情、海岸线、海表温度和盐分、海水浑浊度、浮游植物生物量和初级生产力等遥感数据产品。基于上述遥感数据产品，通过进行综合分析对比，对"一带一路"陆域和海域生态环境、典型经济合作走廊与交通运输通道、重要节点城市和港口开展评价，形成了"中国—东盟生态环境遥感测监报告"及相关数据产品集，将为"一带一路"倡议的实施提供数据支持、信息支撑与知识服务。

7.2.2 监测内容

"中国—东盟生态环境遥感监测报告"主要利用 2014 年的陆表定量遥感产品，对"一带一路"陆域生态资源的分布和生态环境限制因素监测的结果进行分析。监测内容包括：①区域光温水条件，以及农田、森林和草地等生态资源状况；②重要经济走廊的生态环境和资源分布特点及生态环境限制因素。监测内容和监测指标见表 7.3。

表 7.3 "一带一路"陆域生态环境遥感监测内容和监测指标

监测内容	监测指标
土地覆盖 / 土地利用	土地覆盖和土地利用程度
光温条件	光合有效辐射、气温
水分条件	降水量、蒸散发量
森林	地上生物量、叶面积指数、净初级生产力
农田	农田复种指数、农作物产量
草地	净初级生产力、植被覆盖度、生物量

7.2.3 研究区数据获取与产品生产

与 2014 年报告相比，"中国—东盟生态环境遥感监测报告"将研究区域从中国—东盟区域扩展到整个"一带一路"区域。所用数据和产品与 2014 年报告基本相同。"中国—东盟生态环境遥感监测报告"生产的主要产品示例如图 7.10 和图 7.11 所示。

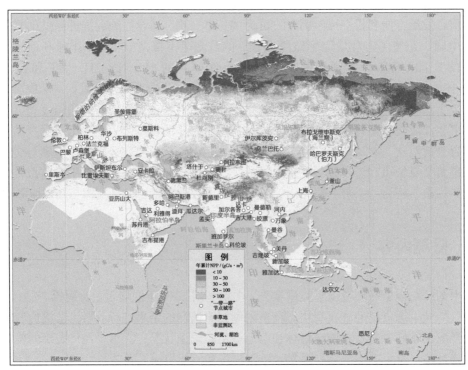

图 7.10 "一带一路"陆域草地净初级生产力分布图

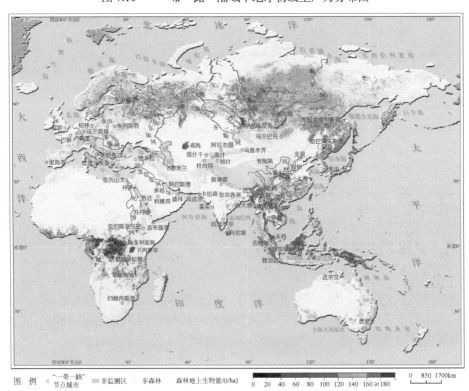

图 7.11 "一带一路"陆域森林地上生物量分布

7.3　2016 年"一带一路"生态环境遥感监测

7.3.1　"一带一路"区域介绍

本着"一带一路"开放性和合作共赢的原则及其所涉及的主要区域地理位置、自然地理环境、社会经济发展特征，以及与中国交流合作的密切程度等，"中国—东盟生态环境遥感监测报告"监测范围由 2015 年报告的亚洲、欧洲、非洲东北部，扩大到亚洲、非洲、欧洲和大洋洲的全部，覆盖 170 多个国家和地区。为便于区域对比分析，本报告将其划分为西亚区、南亚区、东亚区、东南亚区、中亚区、俄罗斯区、大洋洲区、欧洲区、非洲北部区和非洲南部区十大分区（图 7.12）。"一带一路"监测海域主要包括西北太平洋、西南太平洋和印度洋 3 个大洋海域，以及日本海、中国东部海域、中国南部海域、爪哇—班达海、孟加拉湾、阿拉伯海、地中海、黑海和北海 9 个主要海区。

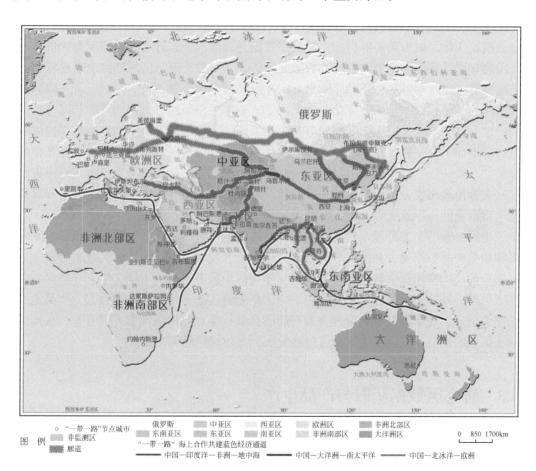

图 7.12　"一带一路"生态环境遥感监测范围分区

7.3.2 监测内容

"中国—东盟生态环境遥感监测报告"基于多源、多尺度、多时相卫星遥感数据,尤其是国产卫星遥感数据[如2010~2015年的风云卫星(FY)、海洋卫星(HY)、环境卫星(HJ)、高分卫星(GF)、陆地卫星(Landsat)和地球观测系统(EOS)Terra/Aqua卫星等],利用中国国家科技计划支持的多源协同定量遥感产品生产系统(MuSyQ系统)等对遥感数据进行标准化处理和模型运算,生产定量遥感产品数据集。"中国—东盟生态环境遥感监测报告"以2015年为生态环境基准年,基于定量遥感产品数据集对"一带一路"沿线区域生态环境现状和时间序列变化进行遥感监测与评估。与2015年报告相比,本年度监测内容有了进一步的深化和完善,主要体现在以下几个方面:①在"一带一路"区域陆地生态系统状况分析中,土地覆盖产品由2015年报告中使用的250m分辨率提高到30m分辨率,分辨率的提高有利于更为精准地分析各类生态系统结构和状况;增加了植被生产潜力的分析;分析了农、林、草三大主要生态系统类型的状况和时间序列变化,并结合光、温、水条件开展了胁迫性因素分析,为生态系统变化起因分析等提供可靠的依据;②"一带一路"沿线区域重要城市生态环境与发展状况:结合地形、土地覆盖/土地利用类型、交通能力、灯光数据及变化、城市热岛等指标,从更多方面开展城市生态环境状况监测与评价,为城市环境的宜居性评价提供更为全面的数据支撑;③"一带一路"区域陆路交通现状:从路网密度和道路对生态景观格局的影响出发,开展陆路交通现状评价,对"一带一路"经济走廊路网的通达性做了全面的评估;④增加了"一带一路"区域太阳能资源状况分析,并对"一带一路"沿线区域太阳能的发电潜力做了评估,为未来发展清洁能源规划提供决策依据;⑤增加了"一带一路"区域水分收支状况分析,分析区域水分收支时空分布格局,为维护"一带一路"沿线区域水资源安全提供依据;⑥"一带一路"重点海域海洋灾害状况:从灾害角度出发,分析了主要海洋灾种对海洋航线的潜在影响,对规避分险和降低损失有非常重要的指导意义。

"中国—东盟生态环境遥感监测报告"最终形成"一带一路"生态环境遥感监测年度报告和相关产品数据集,并面向政府和公众进行公开发布。一方面,相关成果可以为"一带一路"倡议的实施提供数据支持、信息支撑与知识服务;另一方面,生态环境保护与合作是"一带一路"倡议的重要内容之一,中国率先将生态环境遥感监测数据、产品免费共享给相关国家,在数据共享和管理方面有新的突破;通过与沿线国家开展合作,共同应对全球和区域的挑战,共同促进区域可持续发展,共建绿色丝绸之路。

7.3.3 研究区数据获取与产品生产

与2014年和2015年的报告相比,2016年将产品的时间跨度从1年增加到了5年,可以利用更长时间序列的产品来对研究区进行分析。

从产品的角度,也从定量产品的层面进行了深化,生产了更加贴近应用的产品,如太阳能发电潜力评估，以及以生态系统（农田、草地、森林等）区分的植被产品（图7.13~图7.18）。

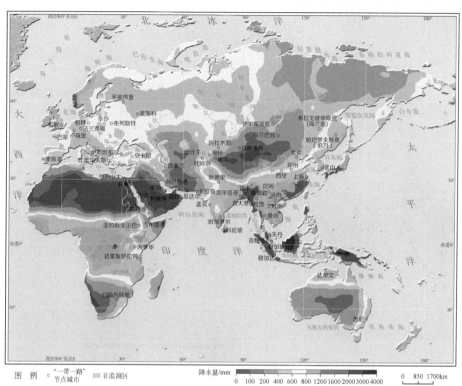

图　例　○ "一带一路"　 非监测区　　　降水量/mm　　　　　　　　　　　　　0 850 1700km
　　　　　节点城市　　　　　　　　　　0 100 200 400 600 800 1200 1600 2000 3000 4000

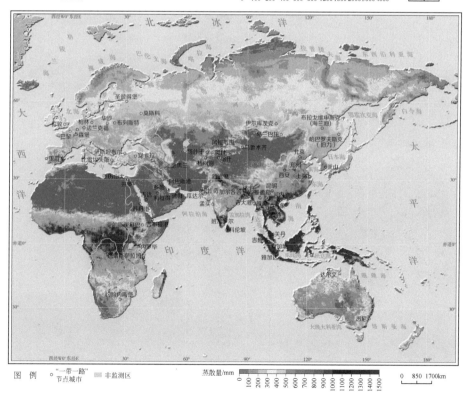

图　例　○ "一带一路"　 非监测区　　　蒸散量/mm　　　　　　　　　　　0 850 1700km
　　　　　节点城市

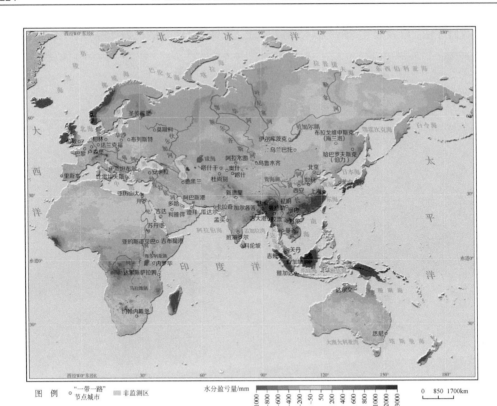

图 7.13 2015 年 "一带一路" 沿线陆域降水、蒸散、水分盈亏空间分布

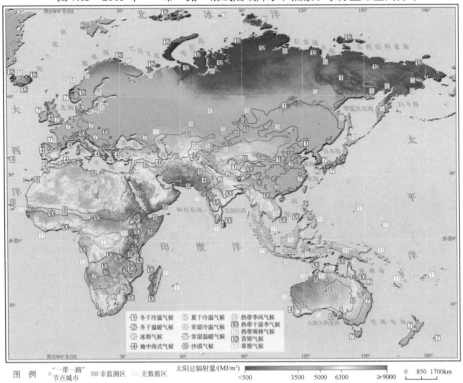

图 7.14 2015 年 "一带一路" 区域不同气候带的太阳总辐射

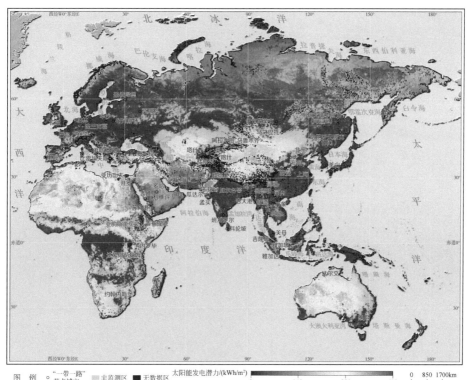

图 7.15 2015 年"一带一路"区域太阳能发电潜力

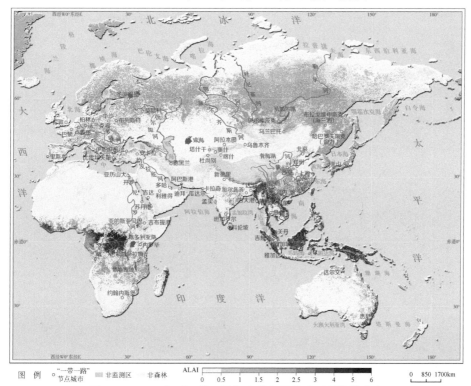

图 7.16 2015 年"一带一路"森林年平均叶面积指数分布

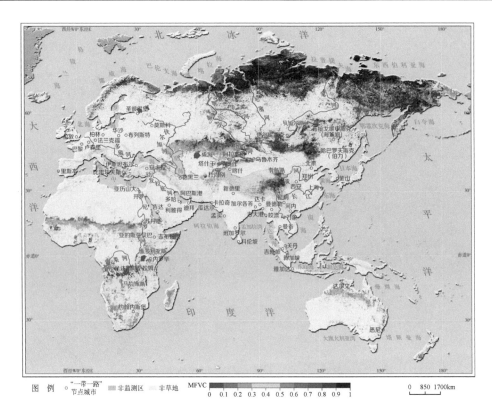

图 7.17　2015 年"一带一路"草地年平均叶面积指数分布

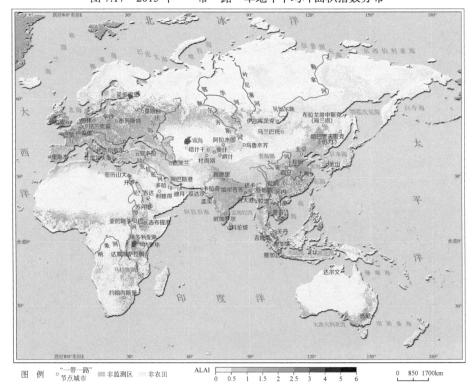

图 7.18　2015 年"一带一路"农田年平均叶面积指数分布